2CV

www.komet-verlag.de
Covermotiv: 2CV6 Charleston
Text und Bild: Immo Mikloweit
Gesamtherstellung: KOMET Verlag GmbH, Köln
Printed in China
ISBN 978-3-89836-797-4

Immo Mikloweit

2CV
Das Entenbuch

KOMET

Inhaltsverzeichnis

Zu diesem Buch

Als Wolfgang Strübing, der Nachbar des Autors, seinen ersten mattgrauen 2CV Anfang 1959 in der Westhovener Nikolausstraße abholte und ihn vorsichtig und stolz nach Poll fuhr, ahnte noch niemand, dass 1990 über fünf Millionen Enten und mit seinen verwandten Entenkindern fast sieben Millionen Zweizylinder-Derivate gebaut würden. Denn auch Strübing war zum einen verdutzt von dem spröden Scharm und andererseits fasziniert von seinen schwungvollen Fahrbewegungen. Übrigens war es der gleiche Kölner Vorort Poll, wo in den Jahren 1927 bis 1935 schon einmal deutsche Citroën-Automobile im dortigen Werk gebaut wurden. Doch nun zurück, kaum einem Auto wurde jemals mehr Sympathie entgegengebracht als dem Citroën 2CV.

Simple Technik und ungewöhnliches Design machten die Ente auf der ganzen Welt beliebt. Auf dem Pariser Salon von 1948 wird der 2CV von der Fachpresse mehr verspottet als bewundert. Doch innerhalb kürzester Zeit gelang es ihm, trotz fehlendem Interieurs oder gar Luxus, mit seiner alles andere als eleganten Linienführung, das Herz der Jugend und aller Junggebliebenen zu erobern. Fernreisende 2CV-Fahrer waren überall auf der Welt zu finden, nie war ihnen ein Hindernis zu hoch, nie eine Strecke zu weit. Schon bald nach dem Krieg sollte ein kleinerer Traction Avant eine noch größere Karriere als sein großer Bruder mit vier oder sechs Zylindern erleben, hierzu nun die 2CV-Modellgeschichte beginnend ab 1948:

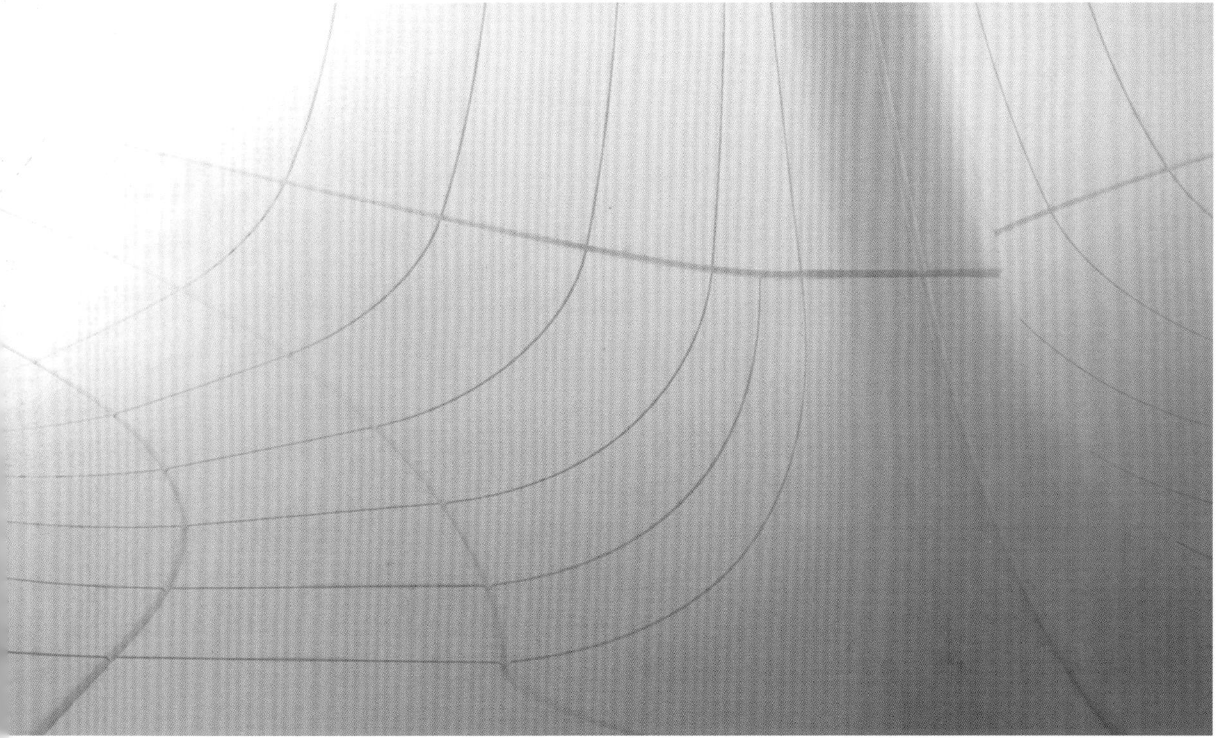

1938: 2CV Prototyp im Dachboden

1938: 2CV Prototypen in einer Scheune

Die 1940er Jahre

Modelljahr 1948

Vorstellung vom 7. bis 17. Oktober im Pariser Grand Palais und keine Produktion im Werk Levallois.

Abmessungen: Länge 378 cm; Breite 148; Höhe 160 cm; Radstand 240 cm; Spurweite vorne und hinten 126 cm; Leergewicht 495 kg (mit 5 l Benzin); zulässiges Gesamtgewicht 800 kg. Stahlblechkarosserie Grau Metallic bzw. gris metallisé (AC 109 Pyrolac, Räder AC 115 Pyrolac). Mit textilem Rolldach, längsgeriffelte Motorhaube mit angesetzten Seitenteilen und integrierten Lüftungsschlitzen, zwei Haubenstützen; Verriegelung durch verschiebbaren Griff; hoher, trapezförmiger Kühlergrill mit großem, aufgesetzten Citroën-Emblem. Vorder- und Hintertüren gemeinsam an B-Säule angeschlagen, nicht abschließbar; hinter Stoffrollverdeck war Gepäckraum; tragendes verschraubtes Plattformchassis, in Serie aus Stahlblech. Innenausstattung: mattgraue, streifenlose Sitzbezüge auf Rohrgestellrahmen; schwarzes Lenkrad. Anlasserseilzugbetätigung vom Innenraum.

← 1948: 2CV Prototyp, keine Serienausführung

Motor: Zweizylinder Viertakt-Boxermotor vorn vor dem Getriebe eingebaut, Gebläse-Luftkühlung, Hubraum 375 cm^3, Leistung 9 PS bei 3500 u/min, 2 mkg Drehmoment bei 2.000 U/min; Verdichtung 6,25:1, Zylinderbohrung/Hub 62/62 (Zylinderschaft 80) mm, hängende Ventile in 60 Grad, Fallstromvergaser Solex 22 ZACI, Zündzeitpunkt 6-8 ° vor OT (0,38 mm); Zündverteiler an Stirnradseite der Nockenwelle mit Magnetzündung; Blechventilator mit 8 Flügeln, zwei Liter Ölfüllung.

Antrieb: vollsynchronisiertes Vierganggetriebe; Revolverschaltung mit schwarzem Kugelgriff direkt auf das Getriebe; 3,875 (8:31 Zähne) 0,9 l; Vorderradantrieb mittels Gelenkwellen mit nadelgelagerten Kreuzgelenken.

Federung: Einzelradaufhängung mit Wechselwirkung zwischen Vorder- und Hinterrädern; jeder Schwingarm ist mittels Schubstange mit einer Spiralfeder verbunden, die in einem neben dem Stahlblech-Chassis (im Prototyp Duralinox: Hart-Aluminium) elastisch aufgehängtem Federtopf sitzt; jeweils Reibungsdämpfer an den Schwingarmlagern sowie Trägheitsdämpfer.

Bereifung: Fünf Michelin-Pilote 125 X 400 mit Schlauch; Felgen alufarben

Bremsen: Hydraulische Vier-Trommeln; Ø vorn 200 mm, Ø hinten 180 mm; Handbremse auf Vorderräder.

Lenkung 1:14, Zahnstange in Vorderachstraverse mit starrer Lenksäule, Lenkrad aus lackiertem Rohr mit eingeschweißter Querspeiche. Wendekreis 10,5 m.

Elektrische Ausrüstung: 6 Volt 50 AH, Lima am vorderen Ende der Kurbelwelle, Anlasser ohne Magnetschalter, mit Seilzug einzurücken; Amperemeter; ein Rück- und Stopplicht, zwei Scheinwerfer; keine Richtungsanzeige; Scheibenwischer über Tachowelle angetrieben.

Fahrleistungen: Höchstgeschwindigkeit 65 km/h, 4 bis 5 Liter auf 100 km, Tank 20 l ohne Reserve; keine Tankanzeige, dafür Tauchmessstab im Tankstutzen (bis 1962).

← 1948: 2CV mit dem berühmten Eierkorb

Modelljahr 1949, gefertigt: 876 Stück

2CVA, 9-PS, 375 cm^3, Verdichtung1:6, ab 26. Juni Fertigung, Chassis-Nr. 1 bis 924, Preis: 185.000 Franc

In der Pariser Salon-Ausführung ging er jedoch nicht in die Fertigung. **Änderungen:** Hintere Kotflügel mit geradem unterem Rand. Die vorderen und hinteren Türfenster waren in den Ecken abgerundet. Die Türgriffe waren 180° umgedreht montiert. Die Verdeckaufhängung wurde korrigiert. Die Rippen des Frontgrills waren nun waagerecht. Die Motorhaube war auch leicht geändert. Der manuelle Seilzuganlasser wurde durch einen elektrischen ersetzt (Typ Lanceur), somit sparte man den Magnetschalter für den Schubantrieb, damals eine häufige Fehlerquelle, und installierte einen simplen Starterzug. Wegen mangelnder Rohstoffe in ganz Europa, aber auch wegen vieler Detailprobleme, begann die Fertigung sehr zögerlich. Im November 1949 erhielten die ersten Kunden für nun 228.000 Franc ihren 2CV.

9/1949: Hat der 2CV keine Blinker an den Kotflügeln mehr, und von Ende des Jahres an werden die Scheinwerfer statt schwarz in Wagenfarbe lackiert.

← 1948: Pariser Salon 2CV Auriol & Boulangere

F-BBQ
1650·DY·75

← *1955: 2CV Karroserie-Finisch*

↑ *1953: 2CV mit neuen Sitzbezügen im April*

PHOTO - STUDIO
VIENS AVEC NOUS
T'ATTEND
DANS UNE
AMBIANCE

Die 1950er Jahre

Modelljahr 1950, gefertigt: 6.196 Stück
2CVA, 9-PS. 375 cm^3, Chassis-Nr. 925 bis 7.100

Wichtigste Neuerungen & technische Änderungen:

3/1950: Der Cibié-Scheinwerfer verfügt statt Kunststoff über eine Glasstreuscheibe.

4/1950: Die bislang einteilige Motoraufhängung besteht jetzt aus zwei Silent-Elementen.

5/1950: Anlasserzahnkranz ohne Abstützung, 107 Zähne.

6/1950: Verstärkte Tellerradschrauben-Durchmesser von 7- auf 10 mm, differente Getriebegehäuse der Typen A und AU.

7/1950: Die Armaturenablage ist aus Filz statt Teppich.

← 1950: Ein Fotograf belädt sein 2CV unter einem Rollverdeck.

9/1950: Der Jaeger-Tacho ist bis 3/1952 eingebaut.

10/1950: Premiere des 2CV AU Fourgonette auf dem Pariser Salon mit kürzerem Chassis. Statt des Innenrückspiegels gibt es auf dem Kotflügel der Fahrerseite einen kleinen zittrigen runden Rückspiegel. Seitliche Fenster sind am hinteren Aufbau nicht vorhanden; Leergewicht 515 kg; zulässiges Gesamtgewicht 835 kg, Zuladung 250 kg; Höchstgeschwindigkeit 60 km/h bei 5 l Verbrauch. Das Differential hat eine kleinere Übersetzung 7:31. Breitere Reifen: 135 X 400. Der 20 Liter Tank ruht auf der rechten Seite vor dem Hinterrad. Das Reserverad ist auf der linken Seite unter der Klappe festgeschraubt.

11/1950: Durch Warmluftzufuhr über den Öleinfüllstutzen wird das Vereisen des Vergasers unterbunden.

12/1950: Es gibt anstelle des Knopfes „C" (Commutateur: Zündschalter) ein Zündschloss rechts vom Lenkrad; an dessen Stelle wird der Anlasserzug befestigt. Jetzt haben Zünd- und Türschloss einen Schlüssel. Das Diebstahlschutz-Ringschloss zur Befestigung des Fahrersitzes am Lenkrad entfällt.
Die Türverkleidung ist nun Serie. Im Jahr 1950 steigt die Wartezeit der Bestellkunden vorübergehend auf sechs Jahre. Natürlich waren die Citroën-Ingenieure interessiert, in welchem Zustand die 2CV nach zwei Jahren waren, also bat man die Kunden kurzerhand sich mit ihrem Fahrzeug einzufinden. Durch die überraschend positiven Aussagen erfolgte die Modellpflege sehr behutsam.

Modelljahr 1951, gefertigt: 14.592 Stück

2CVA, 9-PS, 375 cm^3, Chassis-Nr. 7.101 bis 21.520

2CV AU, 9-PS, 375 cm^3, Chassis-Nr.300.000 bis 301.700

Wichtigste Neuerungen & technische Änderungen:

1/1951: Die Drehgriffe für Scheinwerfer- und Lüfterklappenverstellung haben fünf Zacken.

3/1951: Im März startet der Bau der **AU-Fourgonette.**

4/1951: Neue Kurbelwelle mit besserer Abdichtung.

7/1951: Das Motorlüftergehäuse hat gebördelten Rand.

10/1951: Ohne Schutzgummis an den Innenseiten der Trägheitsdämpfe. Neue 62 mm Abstreifringe der A-AU-Kolben (zur besseren Abdichtung konisch 0,30°-1,15°).

11/1951: Der Zierrahmen der Motorhaube ist mit sichtbaren Schrauben befestigt, anstelle verdeckter.

Der Automobilsalon in Berlin vom 6. bis 16.9.1951, von Citroën beschickt, zeigte allerdings nur Traction und keinen 2CV.

← 1951: 2CV Dame & 1985 2CV Club im Emsemble

Der Journalist Dr. H. Woltereck hatte im Dezember Gelegenheit den 2CV zu Fahren: „... war ich verblüfft, dass der kleine billige Citroën es in Bezug auf Federungskomfort mit einem dicken, teuren Amerikaner aufzunehmen mag."

Modelljahr 1952, gefertigt: 21.124 Stück
2CVA, 9-PS 375 cm³, Chassis-Nr. 21.851 bis 43.150
2CV AU, 9-PS, 375 cm³, Chassis-Nr. 301.701 bis 309.450
120.0001-1200117 (5.10.52-8.1.53) **Berline** Forest Anzahl der in den Niederlanden verkauften **2CV:** 183 Stück nach erster Vorstellung im März, die Lieferung erfolgte im Oktober nach Produktionsstart von Forest.

Wichtigste Neuerungen & technischen Änderungen:
1/1952 A-AU: Fünfte Ausführung der Kurbelwelle, statt acht nun fünf Schwungscheiben-Befestigungsschrauben.

1952: 2CV AZU-Heck →

1953: 2CV Yacco Recordfahrt

2/1952: Die Kupplungsgabel ist aus Stahlblech und breiter.

3/1952: Tachobefestigung mit Rändelschraube 16x150 mm, Tacho-Scheibenwischergehäuse neu, dessen Antriebswelle 870 mm. Die Rückwand des AU erhält vier Sicken zur Versteifung, im August noch acht kleinere.

4/1952: Gaspedal hat Gummiaufnahme für Gasgestänge.

5/1952: Die Druckplatte der Kupplung reduziert die Federn von sechs auf drei; Graphitausrücklager.

6/1952: Bremsankerplatten aus Stahl, vorher Alu. Bremse vorn geändert: Bremstrommeln (72x200 mm) haben mit vier Kühlrillen eine mehr (bis 2/1958), Handbremsseile 406 mm (378), Radbremszylinder r. & l. montierbar.

7/1952: Zum Einbau der Zylinderköpfe ist ein Kupferring mit einer Dicke von 0,5 bis 1,5 nötig. Planeten-Räder mit Dicke 11,2(12,5) mm. H-Bremszüge länger 406 (378) mm.

8/1952 Farbumstellung: Farbe gris uni/plus foncé AC118 Merville oder Lefranc (Räder AC 113 Duroux-Hartlackierung-Elfenbein).

10/1952: Neues Schnüffelventil. Start der belgischen **2CV** Endmontage, noch keine eigene Herstellung. Im gleichen Monat gelangt auch ein in deutscher Sprache gedruckter Schweizer Prospekt (10.52.2000.EPH.1492) über den „Frontantrieb Citroën Lieferwagen 250 kg **Typ AU**" nach Köln in die Sülzburgstraße. Zum 1. Oktober mietete „Citroën Automobil AG, Verkaufsgesellschaft für

1954: 2CV Levallois Chaine

Deutschland AG." in der Sülzburgstraße 10, eine ehemalige Karosseriebauhalle der Firma Voss, an und schuf den ersten Stützpunkt in Köln-Sülz mit Service und Ersatzteilvertrieb.

11/1952: Die Gleichstromlima hat statt drei nun zwei 6-mm Schrauben am Motorgehäuse. Alle Türen sind aus Stahlblech gestanzt. Eine seitliche Versteifung der Motorhaube wird vorgenommen und ein Drehgriff montiert. Mittlerweile haben sich 30 Händler in Deutschland um die Citroën Automobil AG in der Aachenerstraße 243-247 geschart, sie sind die Nachkriegspioniere und bauen den Kundendienst auf. Die ersten Tractions 11-Légère und Normale sowie 15-Six mit dem neuen rechtsdrehenden Motor werden nur mit 2 bis 6-Wochen (Six) Lieferfrist in Westdeutschland verkauft. Der Händlerschutz berichtet am 5. September 1952: „Das neue Projekt von Citroën auf der Aachener Straße wurde in Angriff genommen, dessen Kosten sich auf eine halbe Million Mark belaufen wird. Die AG hat ihre gemieteten Räume heute in Köln-Sülz, Sülzburgstraße 15. Innerhalb des deutsch-französischen Handelsabkommens ist die

Einfuhr von 1.000 Kraftwagen vorgesehen. Der jetzt erfolgte Grundstückstausch und der Angriff des neuen Bauprojektes in der Aachener Straße, ferner die Beibehaltung von über 15.000 qm Grundbesitz in Köln-Poll lassen darauf schließen, dass das Unternehmen auf eine breitere Basis gestellt werden soll. Insbesondere ist, sofern keine übermäßig großen Zollschwierigkeiten im Wege stehen, vorgesehen, die Fertigteile aus Paris zu beziehen und die neuen 2CV-Citroën Wagen in Köln zu bauen. Der Neubau in Köln sieht eine Breite von 35 Metern und eine Tiefe von 10 Metern vor, wo selbst die Ausstellungsräume untergebracht werden sollen. Im Zwischenbau soll das Ersatzteillager eingerichtet werden und anschließend ist eine Fabrikationshalle von 1.350 qm vorgesehen. Die Schweizer importieren den 2CV schon ab 1952 und die Automobil-Revue spricht in ihrem Testbericht im Sommer 1953 noch vom „Zwei-PS", anstelle 2CV. In der Produktion von Levallois installiert man eine neue Transportmaschine für die Schwingarmfertigung. Eine zweite Lackierkabine wird aufgestellt, dadurch braucht die Rohkarosse für die Lackierung der zweiten Seite nicht mehr gedreht werden."

Beginn der 2CV- (Oktober bis Dezember 160 2CV) und HY- (160) Montage in Brüssel. Auch Polizeiwagen, Kabrioletts, 2CV mit Lederpolster, Postwagen mit Dachgepäckträgern und Fahrrädern, Fahrschulwagen mit zwei Pedalwerken und Rechtslenker werden in Brüssel-Forest gebaut. Von Forest wird in folgende Länder exportiert: Schweden 1955 bis 1958, Norwegen 1955 bis 1958 und teilweise 1959 bis 1960, Marokko 1955 und 1956, die Westküste der USA ab 1955 einschließlich von AZU und später Ami6, Argentinien 1957 und 1958 etwa 300 Stück, Guayana 1957, Deutschland in sehr kleinen Stückzahlen 1957/58, sowie vermehrt 1959 und 1960, Dänemark 1958, ferner vereinzelte Fahrzeuge nach Griechenland, Brasilien, Belgisch Kongo und Alaska.

Modelljahr 1953, gefertigt: 35.361 Stück

2CVA, 9-PS 375 cm^3, Chassis-Nr. 43.151 bis 77.950

2CV AU, 9-PS, 375 cm^3, Chassis-Nr. 309.451 bis 322.500

1.300.001-1.300.154 (8.1.53-29.4.1953) Berline, **Forest**

1.305.001-1.305.66 (21.5.53-29.1.1954) Berline, **Forest**

301.001-301.095 (6.1.53-28.4.53) Fourgonnette, **Forest**

301.501-301.699 (10.6.53-7.10.54) Fourgonnette, **Forest**

2CVA, Nr. 8/530.001-8/530.026: 26 Stück **GB-Slough**

2CV AU, Nr. 8/537.001 -8/537.003: 3Stück **GB-Slough**

2CV AP, Nr. 8/535.001- ein Stück **GB-Slough**

Anzahl der in den Niederlanden verkauften **2CV:** 429

Wichtigste Neuerungen & technische Änderungen:

3/1953: Schottenmuster-Sitzbezüge ersetzen die grauen.

5/1953: Die Verriegelung erfolgt durch einen Drehgriff in der Motorhaube, bislang durch Ziehen entriegelt. Breite der Sitzgummis von 26 auf 40 mm gesteigert.

6/1953: Beim A-AU wird der bisherige achtflügelige Ventilator durch einen leiseren vierflügeligen ersetzt; der AZ und AZU hat einen sechsflügeligen.

7/1953: Verkürztes Lenkmantelrohr 265 (280 mm).

1952: 2CV Smoliner erster Importeur aus Österreich

10/1953: Motorhaube nun ohne seitliche Bördelung. Der zweite Motorhaubenstab entfällt, einer genügt. Kein ovales Citroën Emblem mehr, sondern kleineres „Double Chevron" ohne das umschließende Oval. Das neue Pressverfahren erlaubt es, die Motorhaube nun aus einem Stück herzustellen, vorher mehrere Einzelteile. Die Lieferfrist wird mittlerweile durch die hochgefahrene Produktion auf nun zwei Jahre abgebaut. Von 1953 bis 1959 wird der 2CV auch im englischen Slough hergestellt, er kostet 398 Pfund. Einer der ersten Rechtslenker (Nr. 8/530033 vom 10. 2. 1954) diente bis 1955 als Vorführwagen für die Presse. Seit 1962 ist er in Besitz von David C. Convay, der ihn täglich nutzte, bis er 1969 in Rente ging. Seit dieser Zeit steht er in seiner großen Garage und wird liebevoll gepflegt.

Modelljahr 1954, gefertigt: 52.791 Stück

2CV AZ Berline,9-PS 375 cm^3, Ch.Nr. 77.951 bis 121.200
2CV AU, 9-PS, 375 cm^3, Chassis-Nr. 322.501 bis 338.300
2CV AU, 9-PS, 375 cm^3
2CVA Berline 1.4050.001-1.407.030 bis 29.9.54 **Forest**
2CV AZ Berline 140 Z 7031-140 Z 7801, 1.10.54-31.12 **F**
2CV AU 401.501-4.011.040 (4.1.54-27.9.54) **Forest**
2CV AZU 401 Z 1041-401 Z 1259 **Forest**
2CVA, Nr. 8/530.027-8/530.176: 150 Stück **GB-Slough**
2CV AU, Nr. 8/527.004 -8/537.069: 66 Stück **GB-Slough**
2CV AP, Nr. 8/535.002-8/535.005: 4 Stück **GB-Slough**
Anzahl der in den Niederlanden verkauften **2CV**: 804

Wichtigste Neuerungen & technische Änderungen:

3/1954: Neuer Ölbadluftfilter, verstärkte Federung, geänderter Kabelbaum für Übersee-Export.

4/1954: Die Klappfenster können nun in der oberen Stellung in einer Gummihalterung am Türrahmen arretiert werden. Tank (A-AZ-Messstab 995mm) mit Stutzen-Ø verringert sich von 55 auf 45 mm; Kotflügeländerung.

6/1954: Der Cibié-Reflektor 152-Ø wird nicht mehr angeschraubt, bis 9/1955. Seit 10/1954 Marchal (Equilux) Ø-160 (Glas-Ø 147), Ducellier Ø-150 (Glas-Ø 130 mm).

7/1954: Das dreieckige Metallgehäuse der Zündspule weicht nun einem Bakelit-Gehäuse mit Steckhalterung.

9/1954: 2CV AZU erhält auch den 425 cm^3 Motor mit 12-PS. Die Modellbezeichnung AZ hatte stets die Fliehkraftkupplung (Schwungrad aus Blech Zahnkranz von 107 Zähnen und der AZU die Einscheiben-Trockenkupplung mit Guss-Schwungrad.

10/1954: Präsentation der Modelle AZ (ab Chassis-Nr: 150.001) und AZU mit 425 cm^3 12-PS-Motor bei 3.500 u/min. Verbrauch 6,25 l. Ventilator mit sechs Flügel. Der Hubraum wird durch größere Bohrung (66 statt 62 mm) auf 425 cm^3 (oder 421 cm^3, je nach fiskalischer Berechnungsart) erhöht (Bohrung x Hub: 66x62). Neue Nockenwelle, doppelte Ventilfedern (innen und außen). Die Erhöhung der Verdichtung auf 7:1 und die Verwendung des Solex- Fallstromvergaser 26 ergibt nun eine Leistung von 12,5 PS. Blinker rechts und links am hinteren Dach.

10/1954: Getriebeänderung, nur noch vier statt sechs Schrauben für Bremsankerplatten, neue Antriebswelle, deshalb neue Mitnehmerscheibe. Die Sitzgummibänder werden durch die heute bekannten Gummiringe ersetzt.

11/1954: Die Zylinderköpfe sind in Details geändert. Die Pleuel, welche mit der Kurbelwelle eine Einheit bilden, haben nun Lagerschalen mit einer Kupfer-Bleilegierung.

11/1954: Die A- und AU-Getriebe Kreuzgelenke weisen mit dem Nutendurchmesser 34,5 mm auf.
Bei den Modellen AZ ändert sich die Keilnutenzahl auf 10 Nuten.

12/1954: Federtöpfe entfallen, jedoch wegen Verschmutzung kehrt man 5/1955 zum alten Federtop zurück (ab No. 182.001). Zwischen Dezember 1954 und Mai 1955 gibt es erhebliche Änderungen an der Radaufhängung: die seitlichen Schwingungsdämpfer verschwinden ebenso wie Federtellerfedern. Auch die vordere und hin-

1957: 2CV AZPL an der Seine →

tere Feder der Aufhängung (welche auf Druck arbeiteten). Die Sitzbezüge, welche vorher grau waren, erhalten nun ein Schottenmuster. Gummianschläge als Anschlag für Schwenkfenster. Der 2CV AU wird auch als Chassis mit Kabine, ohne hintere Sitze, angeboten. Eine neuentwickelte Fliehkraftkupplung vermittelt ab September Fahrluxus. Die Stoßstange wird aus profiliertem Stahlblech gefertigt, umfasst nicht ganz die vorderen Kotflügel und besitzt Stoßstangenhörner. Die Fourgonnette mit der Zuladung von 250 kg wird werbewirksam vielen Berufszweigen angeboten: Bäckern, Bauern, Blockeislieferanten, Champignonzüchtern, Elektrikern, Floristen, Gaslieferanten, Käsereien.

Die Modellbezeichnung für das Nutzfahrzeug mit üblicher Einscheibentrockenkupplung ist AZU mit neuen Leuchten und Differential Übersetzung 1:3,8 (statt 1:4,4), auch mit Fliehkraftkupplung.

Modelljahr 1955, gefertigt: 81.170 Stück

2CVA, 9-PS 375 cm³, Chassis-Nr. 121.201 bis 124.500
2CV AZ, 12-PS 425 cm³,Chassis-Nr. 150.001 bis 210.188
2CV AU, 9-PS, 375 cm³, Chassis-Nr. 338.301 bis 338.400
2CV AZU, 12-PS, 425 cm³, Chassis-Nr. 470.553 bis 491.184
2CV Berline 150 Z 5001- 150 Z 90 68 **Forest**
2CV Fourgonnette 501 Z 501-501 Z 1761 **Forest**
2CV Fourgonnette per anno in **Ivry** gebaut: 5.112 Stück
2CV AZUL 501 Z 724 erste Lieferung 25.3.55 (300 Stück)
2CVA, Nr. 8/530.177-8/530.186: 10 Stück **GB-Slough**

← *1955: 2CV Armaturenbrett & Innenraum im März*

2CV AZ, Nr. 8/551.001-8/551.177: 177 Stück **GB-Slough**
2CV AU, Nr. 8/537.070-8/537.081: 12 Stück **GB-Slough**
2CV AZU, Nr. 8/558.001-8/558.052: 52 Stück **GB-Slough**
2CV AP, Nr. 8/535.006-8/535.012: 7 Stück **GB-Slough**
2CV AZP, Nr. 8/556.001-556.010: 10 Stück **GB-Slough**
Anzahl der in den Niederlanden verkauften **2CV:** 1.008
Eine belgische Version in hellgrün und einem Chassis wird durch den USA-Repräsentant Charles Buchet 1955 auf dem Autosalon in New Jersey gezeigt.

Wichtigste Neuerungen & technische Änderungen:

1/1955: Das Rollverdeck ist kunststoffbeschichtet. A und AU erhalten oben seitliche Blinker und zwei Rücklichter. Der Schalter sitzt auf dem „Ohrenblech". Ein oranges Stopplicht zusätzlich hat nun der AU.

4/1955: Geänderte Innenausstattung und rechteckiger beleuchteter Tacho mit größerem Zifferblatt und Zeiger. Nach der Kooperation von Citroën mit der traditionsreichen Marke Panhard (25 % Anteil Citroën) werden nicht ausgelasteten Fertigungsstätten in Ivry zur Montage der Kastenenten sofort genutzt. Die nicht ausgelasteten Entwicklungsabteilung von Panhard wurde im gleichen Jahr mit der Entwicklung des 2CV Sáhará beauftragt.

10/1955 AZ: Bombé (gewölbte) ungeschlitzte 66 mm konische Kolben (0,30°-1,15°) und neue Zylinder (generelle Serie bleibt bis 10/1955. Erste

1959: 2CV Armaturen ab Mai 1959 mit größerer Defrosterdüse

1957: 2CV AZPL in Pariser Milieu-Ecke

Änderung: 8/195-9/1958; AZU: 12/55 bis 8/1957) Verd. 1:7 (6,2:1). Stärkere Lima Ducellier. Zündverstellung-Fliehgewichte 20 mm

12/1955: AZU erhält jetzt auch bombierte Kolben. Getriebe-Übersetzung 8:31

Wichtigste Neuerungen & technische Änderungen: Die Ovale Umrandung der Doppelwinkel auf dem Kühlergrill muss weichen. Die Fourgonette hatte die gleichen Modifikationen, doch N-Kupplung. Import aus Brüssel.

1957: 2CV A2L -Armaturen ab Dezember 1956

Modelljahr 1956, gefertigt: 95.864 Stück

2CVA, 9-PS 375 cm³, Chassis-Nr. 124.501 bis 125.315

2CV AZ, 12-PS 425 cm³, Chassis-Nr. 210.189 bis 297.458

2CV AU, 12-PS 425 cm³, Chassis-Nr. 210.189 bis 297.458

2CV AZU, 12-PS, 425 cm³, Chassis-Nr. 470.553 bis 491.184

2CV Berline 160 Z 5001-160 Z 8469 **Forest**

2CV Berline Export 160 Z 8500-160 Z 9575 **Forest**

2CV Berline 160 Z 9700 -160 Z 991 **Forest**

2CV Fourgonnette 601 Z 501-601 Z 1499 **Forest**

2CV AZ, Nr. 8/561.001-8/561.061: 61 Stück **GB-Slough**

2CV AZU, Nr. 8/568.001 -8/568.013: 13Stück **GB-Slough**

2CV AZP, Nr. 8/566.001-566.009: 9 Stück **GB-Slough**

Anzahl der in den Niederlanden verkauften **2CV:** 1.282

Wichtigste Neuerungen & technische Änderungen:

Als Vergaser dient Typ 26 BCI. Man montiert an die Klappfenster Dichtungen und die vorderen Türen erhalten Regenablaufleisten. An der Außenseite des A-Holms Wasserablauf-Stopfen. Fensterdichtungen zum Klappfenster aus Schaumgummi, geänderter Schaltgriff.

1957: 2CV AZPL an Pariser Ecke

7/1956: Kontrolllampe für Federwerk-Blinkerbetätigung im Armaturenblock Mitte.

11/1956: Wird die Drahtstärke der Zugfedern von 5,4 mm auf 4,2 mm Dicke vermindert, vorne und hinten.

Die Entdeckung mehrere Fotografien bei den Recherchen des Autors gegen 1989 im Citroën Archiv von Neuilly: Im Lackierwerk von Levallois wurden die Entenkarossen hängend im noch zerlegten Zustand lackiert, jedoch stieß man an Grenzen der Kapazität. Im gleicher Zugfolge sind auch im Talbot-Velam-Werk Karossen der Vélam Isetta zusammen mit dem 2CV zu sehen, weil die in vollen Namen ausgeschriebene: „Société de Construktion de Véhicules léger á moteur" die Lackierarbeiten im Werkvertrag durchführt.

12/1956: Neues Modell AZL. Schutz zum versehentlichen Öffnen der hinteren Türen.

1958: 2CV & Velam-Lackierung in den Talbot-Werken Suresnes →

Modelljahr 1957, gefertigt: 107.250 Stück

2CV AZ, 12-PS 425 cm^3, Chassis-Nr. 297.459 bis 396.334

2CV AZLP, 12-PS 425 cm^3, Chassis-Nr. 297.459 bis 396.334

2CV AU, 12-PS 425 cm^3

2CV AZU, 12-PS, 425 cm^3, Chassis-Nr. 491.185 bis 519.822

2CV Berline 170 Z 5001-170 Z 7958 **Forest**

2CV Berline Export 170 Z 2001-170 Z 3862 **Forest**

2CV Fourgonnette 701 Z 1001-701 Z 2130 **Forest**

2CV Fourgonnette 701 Z 2166-701 Z 2236 **Forest**

2CV Fourgonnette Export 701 Z 501-701 Z 1000 **Forest**

2CV Fourg. Ex.: **H & NL** 701 Z 2131-701 Z 2165 **Forest**

2CV Fourg. Export: NL 701 Z 2241-701 Z 2250 **Forest**

2CV AZ, Nr. 8/571.062- 8/571.126 : 65 Stück **GB-Slough**

2CV AZU, Nr. 8/578.014-8/578.032: 19 Stück **GB-Slough**

2CV AZP, Nr. 8/576.010-576.019: 10 Stück **GB-Slough**

Anzahl der in den Niederlanden verkauften 2CV: 1.309

ESSO
504747-MI

Wichtigste Neuerungen & technische Änderungen:

3/1957: AU-Türen-Paneel aus Material „Flexarmit".

5/1957: Blinkrelais „Cartier"(vorher Scintex), Bremsflüssigkeitsbehälter jetzt aus Glas statt Metall.

7/1957: Solex-Vergaser mit Leerlaufbremse.

8/1957: 2. Zylinder AZ 8/1957 bis 9/1958, generelle Änderung 9/1958-1/1959; AZU 8/1958-1/959.

9/1957: Bereits erwähnter **AZLP** als **2CV Export „Luxe"** mit jeweils drei seitlichen Fenstern. Beim Rangieren empfindet dies die Kundschaft als sehr angenehm. Der Stahlblechkofferdeckel hat einen verschließbaren Drehgriff. Die Nummernschildleuchte wird modifiziert. Radkappen sowie Ablagefächer in den Türen werden geboten. Mit einer Warmluftführung zu Windschutzscheibe gelingt es auch bei **AU** und **AZU**, den Sichtbereich leidlich freizuhalten.

10/1957: Kommt zusätzlich der Typ **AZL** bei gleicher Technik mit verfeinerter Ausstattung sowie Zierleiste; ein größeres Heckfenster (26 dm2) nach wie vor im Rollverdeck, erleichtert die Rücksicht. Gleichzeitig spendiert man eine Kofferklappe aus Stahlblech. Der Revolverschalthebel erhält einen schwarzen Griffknopf. Lichtschalter und Blinkanzeige sitzen am Armaturenbrett. Zusätzliche Zierleisten auf Mitte der Motorhaube und den Stoßstangen. Neue Farben innen: Blau, grün, rot, welche mit den Verdeckfarben korrespondierten. **Erste Importe kleiner Stückzahlen 1957 und 1958 aus Forest nach Deutschland!** Auf der Kölner Niederlassung auf der Aachener Straße im ersten Stock beginnen die ersten technischen Schulungen unter Alfons Reiche und Josef Stadler für DS und auch später 2CV.

← 1958: 2CV AZPL Milano to Night

Modelljahr 1958, gefertigt: 126.332 Stück

2CVA, 9-PS 375 cm^3, Chassis-Nr. 125.373 bis 125.451
2CV AZ, 12-PS 425 cm^3, Chassis-Nr. 395.335 bis 478.000
2CV AZL, 12-PS 425 cm^3, Chassis-Nr. 1.000.001 bis1.030.214
2CV AZLP, 12-PS 425 cm^3,Chassis-Nr. 2.000.001-2.001.706
2CV AZU, 12-PS, 425 cm^3, Chassis-Nr. 519.823 bis 551.967
2CV AZU Produktionsaufnahme in **Vigo**, Spanien
2CV Fourgonnette in **Ivry** gebaut: 3.763 Stück

2CV 4x4 Sahara, zweimal 12-PS 425 cm^3
2CV AZ, Nr. 8/591.127-8/581207: 81 Stück **GB-Slough**
2CV AZU, Nr. 8/588.033-8/588.054:22 Stück **GB-Slough**
2CV AZP, Nr. 8/586.020-586.043: 43 Stück **GB-Slough**
Anzahl der in den Niederlanden verkauften **2CV**: 775

Wichtigste Neuerungen & technische Änderungen:

1/1958: Chassis-Karosserie wird mit selbstsichernden Schrauben „Simmonds" befestigt.

3/1958: Im Mer de Sable, einer Teststrecke unweit von Paris, wird der 2CV 4x4 Sahara vorgestellt. Doch erst 1960/61 kommt er zur Auslieferung. Die Idee, einen allradgetriebenen 2CV zu bauen, war bereits 1955 von einem Citroën Vertragshändler verwirklicht worden. Doch mit der Einschränkung, dass beide Motoren zugleich liefen. Der 2CV 4x4 Sahara hatte einen zweiten 425 ccm Motor im Heck, zwei Getriebe werden über einen Hebel geschaltet. Er hatte außerdem zwei hydraulisch betätigte Fliehkraftkupplungen, aber auch die Möglichkeit nur mit einem Motor zu fahren. Wenn man nur mit dem hinteren Motor fahren wollte, musste man die vordere Fliehkraftkupplung mit einem Spezialhaken aus dem Bordwerkzeugsatz im ausgekuppelten Zustand arretieren. Mit 1040 kg erreichte er 100 km/h. Sowohl der Front- als auch der Motor im Kofferraum haben für den Vierradantrieb jeweils 12,5 PS. Die Bereifung 155-400X sorgt für die nötige Traction bei Steigungen bis zu 60 Prozent. Das Reserverad auf der Motorhaube (ab Dezember 1960) und die seitlichen Luftschlitze sowie die Heckbelüftungsaussparung für den Motor machen den Sahara selbst für Laien als besonderen 2CV erkennbar. Zwei 15-Litertanks sind unter den Vordersitzen angeordnet. Durch Ausschnitte in den Vordertüren ist ein Betanken von außen möglich. Alles ist doppelt: Zündschlüssel, Anlasser, Kontrollleuchten etc. Die Produktion von insgesamt 694 Einheiten, welche zwischen 1959 und 1967 gebaut wurden, war nicht so umwerfend viel. Das lag sicherlich am Preis, der fast die Dimension einer ID 19 erreichte. Allein die spanische Guardia Civil bestellt 85 Allradenten. Gemeinsam mit Panhard wurden zwei Prototypen entwickelt. Die Erprobung der Citroën Allradente wird auf einem Manövergelände des französischen Militärs bei Fontaine-

1959: Bijou vor einem Cottage, 213 Stück wurden in Großbritannien gebaut

bleau intensiv vorgenommen. Als Folge muss das Chassis und die Schwingarme an den neuralgischen Punkten verstärkt werden. 1961 werden die Motorleistungen durch höhere Kompression und größere Vergaser jeweils auf 14 PS angehoben.

1963 steigt die Leistung auf doppelte 16 PS. 1965 werden die Fahrertüren vorne angeschlagen und ein neues Armaturenbrett eingefügt. Die Fahrleistungen sind gewaltig, so krabbelt am 21. Juli ein Exemplar die höchste Sanddüne von Europa hoch, nämlich die 120 Meter hohe Pylladüne bei Arcachon. Bei diesen Sandfahrten senkt man den Luftdruck der Bereifung auf 0,7 bar ab, um durch die vergrößerte Auflagefläche der Reifen die Gefahr des Einsinkens zu reduzieren.

1954 kommt es zum ersten Kontakt des begnadeten Grafikers Karel Suyling (Jahrgang 1926) mit dem holländischen Importeur. Von 1958 bis 1970 arbeitet er an der Prospektgestaltung von 2CV, Ami, Dyane, HY aber auch DS und SM, wobei auch in Deutschland seine Werbung verwendet wird. Seine künstlerischen Mitarbeiter sind Hans Ferrée und Dimitri Frenkel Frank.

10/1958AZ-AZU: Phospatierte Kolben (1,30°-2,30°) und verchromte Zylinder.

1958: 2CV AZPL mit demontierbarem RadioN

1958: 2CV AZPL im Park mit Drehkarussell

Modelljahr 1959, gefertigt: 145.973 Stück

2CVA, 9-PS 375 cm³, Chassis-Nr. 125.452 bis 125.539

2CV AZ, 12-PS 425 cm³, Chassis-Nr. 1.030.215 bis Ende

2CV AZL, 12-PS 425 cm³, Chassis-Nr. 2.350.001 bis 2.352.809

2CV AZLP, 12-PS 425 cm³, Chassis-Nr. 2.001.707-2.250.544

2CV AZU, 12-PS, 425 cm³, Chassis-Nr. 491.185 bis 519.822

2CV 4x4 Sahara, zweimal 12-PS 425 cm³

2CV AZ, Nr. 8/591.208-8/591.288: 81 Stück **GB-Slough**

2CV Fourgonnette per anno in **Ivry** gebaut: 49.969

2CV AZU, Nr. 8/598.055-8/598.072: 18 Stück **GB-Slough**

2CV AZP, Nr. 8/596.044: ein Stück **GB-Slough**

Anzahl der in den Niederlanden verkauften **2CV**: 819

← 1958: 2CV Levallois

1958: 2CV Sahara 4x4 auf einer Düne bei Arcachon →

Wichtigste Neuerungen & technische Änderungen:

Offizieller Verkaufstart in Deutschland, die 9 PS Version mit 375 ccm wird durch Köln nie verkauft, sondern die AZL mit 425 cm^3 und 12 PS.
Die französischen 2CV tragen stets numerische Fahrgestellnummern, bei den belgischen dagegen findet sich mittig in der Nummer stets der Buchstabe „Z". Citroën Köln fügte dann bei den anfangs ausschließlich belgischen Luxe-Importen den Buchstaben „B" für die Provenienz Belgien ein, zum Beispiel **2CV-B-AZL**. Wie schreibt die Motorrundschau (MR 14/159) so trefflich: „Durch die etwas liebenswertere Ausführung der 2CV aus belgischer Fertigung und vor allem in der Bundesrepublik gesenkten Preise gewinnt nun der 2CV auch bei uns an Bedeutung und muss entsprechend und eindeutig als Konkurrent in der Fülle der in Deutschland käuflicher Wagen ähnlicher Klasse bewertet werden." Nun endlich die erwartete Produktionsaufnahme des **2CV„Sahara"**.

Die Heizleistung wurde bei AZ, AZLP, AZU durch neue Luftleitbleche um die Kühlrippen der Zylinder verbessert, mittels zweier Zugstangen können sie reguliert werden. Der englische Bijou aus Slough mit 2CV-Technik wird im Oktober 1959 vorgestellt. Der Stylist Kirwan-Taylor kreiert die hübsche Kunststoffkarosse, welche zunächst bei James Whiston & Co. hergestellt wird, später wechselt man zu C. F. Taylor Plastics LTD. Das Modell wird 1960 für 695 Pfund angegeben. Bis 1964 werden lediglich 211 Bijou verkauft und davon werden vier exportiert.

1955: 2CV AZ im März mit Familie →

1650 · DY · 75

1/5959: AZ & AZU Neue Kolben, Schaftlänge 82 mm.

4/1959: Es gibt einen ersten Kölner Farbprospekt der Werbeagentur William Wilkens Citroën 2CV „Ein Sonderling in der Form – Eine Sonderklasse in der Leistung" mit schematischer Darstellung verschiedener technischer Details. Auf der Rückseite wird nach einem treffenden, volkstümlichen Namen für den deutschen 2CV bis zum 15. September zur IAA gesucht. Als Preise wurden ausgelobt: 1. ein neuer 2CV; 2. dreitägige Reise nach Paris; 3. zweitägige Reise nach Brüssel.

5/1959: Defrosterdüse an der Frontscheibe wird größer.

5/1959 bis 11/1960: Einige Modelle werden mit homokinetischen Gelenkwellen gefertigt.

7/1959: Neue Reifen Michelin X und Pilote 135x380 (135-15) und 125x380 (125-15). Deshalb werden folgende Teile geändert: Achsschenkel, Trägheitsstoßdämpfer, Lenkhebel, Spurstangen und Pedalwerk.

9/1959: Weitere Wagenlackierung in blau, wie das Verdeck. Option herausnehmbares Radio Continental Edison.

12/1959: Erste Werbung im Spiegel (Nr. 52) mit dem Namen „Monpti", auf gut Deutsch „Mein Kleiner". Aber der Name fiel durch. Wie sagte Fritz B. Busch im folgenden Frühjahr in *Auto Motor Sport*: „In Erkenntnis unserer Mentalität hat man, um ihn auch bei uns verkaufen zu können Monpti genannt. Das ist das Einzige, was mir an ihm nicht gefällt." Auch der Fachkollege Dr. Paul Simsa teilte mit: „Irgendein Werbemensch hat versucht, ihm die Bezeichnung Monpti zu geben, gäbe es einen Preis für die verfehlteste Werbeidee des Jahres, sollte er ihn bekommen." Der Name Monpti überlebte das Jahr 1960 nicht mehr, es wurde vorgeschoben, das Pariser Mutterwerk habe sich an dem Namen gestoßen.

1959: Bijou Pressefoto/GB →

BIJ 1960

VS-18421

Die 1960er Jahre

Modelljahr 1960, gefertigt: 152.821 Stück
2CVA, 9-PS 375 cm³, Chassis-Nr. 125.540 bis 125.570
2CV AZ, 12-PS 425 cm³, Chassis-Nr. 2.352.810 bis 2.472.482
2CV AZL, 12-PS 425 cm³, Chassis-Nr. 2.250.545 bis 2.265.599
2CV AZLP, 12-PS 425cm³, Chassis-Nr.2.250.545 bis 2.265.599
2CV AZU, 12-PS, 425 cm³, Chassis-Nr. 589.860 bis 636.247
2CV 4x4 Sahara, zweimal 12-PS 425 cm³: ca. 20 **Ivry**
2CV AZ, Nr. 8/601.289-8/601.389: 21 Stück **GB-Slough**
2CV Fourgonnette per anno in **Ivry** gebaut: 57.780
2CV AZU, Nr. 8/608.073-8/608.098: 26 Stück **GB-Slough**
2CVAZP, Nr.8/596.045-596.079: 35 Stück(RN) **GB-Slough**
2CVAZP, Nr. 8/86.080-86.109: 30 Stück (RN) **GB-Slough**
Bijou BJ 8/600.101-8/600.163: 63 Stück **GB-Slough**

Wichtigste Neuerungen & technische Änderungen:

7/1960 Größerer Innenspiegel.

12/1960: AZ und AZL, AZPL mit neuer Motorhaube am 12. Dezember mit fünf Sicken ohne Seitenteile, für AZU ab Juli 1961. Doppelwinkel am Kühlergrill eingeprägt, runde Blinker in den Kotflügeln, verbesserte Türschlösser. Neue Farbe jaune pastis.

← 1960: 2CV AZ mit neuer Motorhaube in den Bergen

Modelljahr 1961, gefertigt: 158.933 Stück

2CVA, 9-PS 375 cm³, Chassis-Nr. 125.571 bis Ende Fabrik.
2CV AZ, 12-PS 425 cm³, Chassis-Nr. 2.472.483 - 2.500.399
2CV AZL, 12-PS 425 cm³, Chassis-Nr. 2.265.600 - 2.285.436
2CV AZLP, 12-PS 425 cm³, Chassis-Nr.2.800.001 - 2.801.039
2CV AZU, 12-PS, 425 cm³, 1.Chassis-Nr. 636.248 - 680.408
2CV Fourgonnette in **Ivry** gebaut: 59.340 Stück
2CV AZU, 12-PS, 425 cm³, 1.Chassis-Nr. 680.001 - 682.408 (neue Haube). **2CV 4x4 Sahara,** zweimal 12-PS 425 cm³
Bijou BJ 8/600.164-8/600.148: 21 Stück **GB-Slough**
Ami6 20-PS 602 cm³, Berline ab 1.4.61 bis 31.8.61: 009001-14.521 & 14.522-44.766 &100.101-128.661

Wichtigste Neuerungen & technische Änderungen:

2/1961: Rückwand des AZU erhält zwei Verstärkungen rechts und links des Kennzeichenträgers.

7/1961: Auch AZU erhält neue Motorhaube.

10/1961: 2CV Leistungssteigerung 13 PS /4000 u/min (14 PS in Deutschland) durch (erhöhte Kolben) höhere Verdichtung 7,5:1 (7:1), neuen Solex-Vergaser (IBC oder CBI, je nachdem ob mit oder ohne Drosselklappenschließdämpfer bei Fliehkraftkupplung). Somit 85 km/h Höchstgeschwindigkeit. Neue Innenstoffe.

AZLP: Verbesserte Innenausstattung mit Innenlicht und Blechkofferdeckel. Einstellung des Motors mit 375 ccm. Ab (12/1960 wie erwähnt) statt der Wellblechmotorhaube mit angeschlossenen Seitenteilen nun mit fünf Sicken Chromgrill mit integrierten Doppelwinkeln. Statt der bisherigen Luftaustrittsschlitze in den Motorhaubenseitenteilen kann die Motorwärme nun oberhalb der seitlichen Dreieckswangen entweichen. Die Haken-Türgriffe werden füllig gestaltet. Der Standard hat einen festen Kofferdeckel. Beim Luxe ist der Blinkerhebel am Lenkrohr befestigt, doppelte Sonnenblenden werden spendiert, die Fahrertür hat einen Kontakt für die Innenleuchte, die Innenverkleidung ist aus einer Filz- und Kunstlederbespannung und letztlich schmücken sich die Felgen mit 19er-Zentralschraube befestigten verchromten Radkappen.

Die beiden Federtöpfe sind nun fest am Rahmen aufgehängt. Hierdurch gibt es eine geringere Kurvenneigung und insgesamt ein geringfügig strafferes Fahrverhalten.

4/1961: Zeigt Citroën den Ami6 mit vier Türen und Plätzen. Einem Zweizylinderboxermotor á la 2CV, jedoch 602 cm^3, 20 PS bei 4.500 U/min, Spitze 105 km/h. Das Einspeichenlenkrad ist dem D-Modell abgeschaut. Wie beim Ford England „Anglia" (1960) und Ford „Consul 315" (1961) gibt es die nach hinten geneigte Heckscheibe. Interessanterweise ist auf amerikanischen Werbefotos der hinten überstehende Dachrand durch ein Model verdeckt! Auf der Internationalen Automobilshow in New York wird mit einer „Miss Citroën" ausgestellt. Das Modell soll mit seiner ungewöhnlichen, aber

1960: 2CV AZLP mit neuer Motorhaube (siehe Abbildung auf Seite 54-55 *1961: AZL*

1123·KY7

praktischen Flaminio Bertoni-Karosserie die Lücke zwischen den kleinen und den großen Citroën füllen. Im Gegensatz zu Deutschland ist der **Ami6** in Frankreich erfolgreich, 1966 ist er mit 162.366 Einheiten der dort meistgekaufte Wagen! Bevor die Werke in Rennes fertig sind (24. April 1961), müssen die ersten sechshundert **Ami6** in den Panhard-Werken gebaut werden, weitere werden dort noch bis 12/1962 gebaut. Der **AZ** läuft Ende 1961 aus. In 1961 nun Serienfertigung des **2CV 4x4.**

10/1961: Motoren mit Verdichtung 7,5:1

Modelljahr 1962, gefertigt: 144.871 Stück

2V AZ, 12-PS 425 cm³, normale Kupplung:
Chassis-Nr. 2.285.437 bis 2.287.173
2CV AZL 12-PS Flieh.kuppl.Ch.Nr. 2.591.864-2.600.508
2CV AZLP,12-PS 425 cm³, Fliehkraft-Kupplung,
ChassisNr. 2.801.040 bis 2.801.252

Chassis-Nummern mit Motoren mit Verdichtung 7,5:1
2CV AZA 16-PS, Trocken-Kuppl. 8.294.001-8.297.628
2CV AZA, 16-PS 425 cm³, mit Fliehkraft-Kupplung
Chassis-Nr. 8.310.001 bis 8.497.422
2CV AZU, 12-PS, 425 cm³, Chassis-Nr. 682. bis 741.016
2CV Mixte mit großer Heckklappe, 12-PS 425 cm
2CV 4x4 Sahara, zweimal 12-PS 425 cm³ **in Ivry**
Ami6, 20-PS 602 cm³, ab 1.9.61 bis 31.8.62 **Berline-**
Chassis-Nr. 14.522-44.766 & 100.102-227.999
Bijou BJ Nr: 8/600.185-8/600.241: 57 Stück **GB-Slough**

Wichtigste Neuerungen & technische Änderungen:

Die bereits ab Oktober des Vorjahres erwähnte Steigerung der Motorleistung auf 13,5-PS umfasst auch den **2CV 4x4,** der nun die Bezeichnung Sahara verliert. Dieses ist sicherlich als Politikum zu sehen, da sich Frankreich auf dem unaufhaltsamen Rückzug aus Afrika befindet.

3/1962: Im März 1962 erscheint für Frankreich der 2CV „Mixte"(ein Mittelding zwischen Nutzfahrzeug und Limousine) mit großer Heckklappe, das Reserverad sitzt im Motorraum auf einer eigenen Rohrhalterung und der

Schalthebel auf dem Getriebe findet in der Radschüssel immer noch Platz. Durch die umklappbare Rückbank lassen sich nun auch Kühlschränke transportieren. Dieses variable Modell, wurde durch das Unternehmen „Enac" präpariert.

4/1962: Der 2CV-Motor erzielt nun seine Verdichtung mit zwei verschiedenen KS-Kolbentypenpaaren, im Oktober wird ein weiteres Paar erprobt. Die letzten bleiben dann im AZU seit Februar 1962. Weiter tragen Solex Vergaser 26 CBI (oder IBC), ein um 2 mm größerer Lufttrichter, somit nun 19 mm, zu stolzen 13,5-PS bei. Die Frühzündung ist nun von 9 auf 12 Grad ge-

← 1961: 2CV Prospekt La Liberte von Delpire

1962: 2CV Tacho ist ab September in der Armatur

bracht worden. Die an der Schwungscheibe hierfür vorgesehene Bohrung für den Prüfstift wurde entsprechend in Richtung früh versetzt.

9/1962: Im Herbst ersetzt eine Ladekontrolle das Ampéremeter, der Tachometer rückt von der linken A-Säule in den Armaturenblock inklusive Kraftstoffuhr, somit gibt es jetzt einen elektrischen Scheibenwischermotor, der Messstab im Tankstutzen entfällt ebenfalls im September. Chokeknopf und Anlasserstartzug sind unter dem Ablagefach positioniert.

Beim **Standard** ist der Blinkerhebel am Lenkmantelrohr. Der **„Luxe"** hat einen Scheibenwascher mit Druckbetätigung und einer Düse unter der Frontscheibe. Nun Parkleuchten. Die Aufhängung ist jetzt bei allen Modellen verbessert, wie bereits im Vorjahr teilweise eingeführt.

Der Ami6 erhält auch hinten Schiebefenster, die Scheibenwischer kehren nach dem Abstellen in die Ruheposition zurück. Der Kofferraumdeckel hat ein Drucktastenschloss.

10/1962: 2CV AZL3 Modell 1961 mit Aluecken an den Kotflügeln, ausgesparten Kotflügeln und Klappheckblech für Reserverad, Scintex-Blinker und neuem **Ami6**.

1963: 2CV Prospekt: Umzugtransport von Delpire

1963: 2CV Prospekt: Weihnachten von Delpire

1963: 2CV Prospekt Vogelperspektive von Delpire

Modelljahr 1963, gefertigt: 158.122 Stück

2CV AZ, 16-PS 425 cm^3, Fliehkraft-Kupplung:
Chassis-Nr. 8.297.629 bis 8.299.500

2CV AZL, 16-PS 425 cm^3, Fliehkraft-Kupplung:
Chassis-Nr. 8.497.423 bis 8.561.105

2CV AZA, 16-PS 425 cm^3, normale Kupplung:
Chassis-Nr. 1.350.001 bis 1.434.390

2CV AZAM, 16-PS 425 cm^3, Fliehkraft-Kupplung
Chassis-Nr. 1.350.001 bis 1.434.390

2CV AZAM, 16-PS 425 cm^3, Normal-Kupplung
Chassis-Nr. 1.350.001 bis 1.434.390

2CV AZU, 16-PS, 425 cm^3, Chassis-Nr. 741.017 bis 761.026

2CVAZU, 16-PS, ab 2/1963 Nr. 1.140.001 bis 1.150.957

2CV 4x4 Sahara, zweimal 12-PS 425 cm^3

Ami6 Berline ab 1.9.62 bis 31.8.63 44.767-55.630 und 129.000-199.999, & 9.200.001-9.209.209.

Bijou BJ 8/600.242-8/600.262: 28 Stück **GB-Slough**

Wichtigste Neuerungen & technische Änderungen:

3/1963: Der Lieferwagen **AZU** (Série A) erhält den Motor vom **Ami6** mit 22 PS bei 4.500 U/min, Solex-Vergaser 30 PBI und Ami6 Getriebe. Leergewicht: 605 kg, zulässiges Gesamtgewicht: 1030 kg. Bereifung: 135 X 380. Durch den um 20 Zentimeter verlängerten Aufbau ergibt sich jetzt ein Ladevolumen von 2,10 Kubikmetern.

3/1963: Leistungssteigerung beim **2CV** mit einem größeren Solex-Vergaser 28 CBI oder 28 IBC) auf 16 PS (16,5 in F) bei 4.200 U/min, hierdurch werden nun 95 km/h erreicht. Verstärkte Stoßstangen erhalten nun verchromte Stoßstangenhörner. Statt der genieteten Bremsbeläge nun geklebte und im Austausch erhältlich. Die Reibungsdämpfer sind jetzt einstellbar. Die Teller-Kegelradübersetzung wird von 8:31 auf 8:29 „verlängert".

3/1963: Das neue Modell **AZAM** erhält verchromte Radkappen mit 19er Befestigungsschraube; Stoßstange vorn und hinten mit großen Chrombügeln, zwei Bremsleuchten, Fensterrahmenleisten aus Inox, zweite Sonnenblende mit Make-up Spiegel für Beifahrer, Blinkerhebel an Lenkradsäule. Neues Kunststofflenkrad mit zwei V-förmig angeordneten Speichen. Hutablage aus Kunststoff (durchhängend) zwischen Rücksitzlehne und Rückfenster.

← 1963: 2CV AZAM mit Freizeitvergnügen am See

Vordersitze nun verschiebbar, Scheinwerferfassung sowie Scheibenwischer verchromt. Des weiteren Zierleisten an allen Fenstern und der Motorhaube aus poliertem Inox, geänderte Türgriffe und neue Innenverkleidungen. Das Luftleitblech unter der Motorhaube ist modifiziert. Die Lichtmaschine leistet 138 Watt und asymmetrisches Abblendlicht erhalten die Scheinwerfer. Defrosterdüse jetzt in Scheibenmitte und zu Fußraum reichend. Wischermotor ist verkleidet. Seitenblinker Marke Hella. AZ übernimmt Bremszylinder vom Ami6.

4/1963: Neuer Typ Fourgonette **AK 350** (Nutzlast) mit zwei Scheiben in den Hecktüren und zwei seitlichen.

9/1963: Den Ami6 gibt es in zwei Versionen: Confort und Tourisme, der letztere hat einfachere Polster. Ab Juni ersetzen endlich hydraulische Stoßdämpfer die Reibungsdämpfer. Vorher hatte der TÜV bei seiner ersten ABE bemängelt, dass der **2CV** bei starken Bodenwellen hinten aufschaukelte und gar sprang, da er nur Trägheitsdämpfer hatte. So berichtete auch Peter Grundmann, vielen als „PeGru" bekannt. Es konnten starke Gummibänder die Schwingarme zum Rahmen abfedern.

1964: 2CV AZPL Milano-Kalender

Diese Lösung war kein Witz, wie Schulungsleiter Alfons Reiche bestätigte. Der Schulungsreferent Paul Kayser bestätigte, dass dies als Werkstattlösung praktiziert wurde.

← *1964: 2CV AZAM in Frontale mit vorne angeschlagenen Türen*

Modelljahr 1964, gefertigt: **167.567 Stück**

2CV AZ, 16-PS Fl.-Kuppl. 8.561.201-8.561.291

2CV AZL 16-PS Fl.-Kuppl. 1.440.001 bis 1.475.903

2CV AZL 16-PS Trockenkuppl. 1.440.001 bis 1.475.903

2CV AZAM 16-PS Fl.-Kuppl. 1.440.001 bis 1.475.903

2CV AZAM 16-PS T.-Kupp. ab Juni 1.440.00-1.475.903

2CV AZL 16-PS Trockenkuppl. 1.490.001 bis 1.595.316

2CV AZAM, 16-PS 425 cm³, Fliehkraft-Kupplung, ab Juni Chassis-Nr. 1.490.001 bis 1.595.316

2CV AZU, 16-PS, 425 cm³, Nr. 1.151.001 bis 1.167.613

2CV AZU, 16-PS, ab Juni Nr. 1.168.001 bis 1.169.670)

2CV AZU 45.860 Stück in **Ivry** gebaut

2CV AK, 21-PS 602 cm³, normale Kupplung

2CV 4x4 Sahara, zweimal 12-PS 425 cm³, Bijou BJ 8/600.270-8/600.311: 42 Stück **GB-Slough**

Ami6 24,5-PS 602 cm³ 1.9.63 bis 31.8.64: 9.215.001-9.246.157 & 9.250.001-9.333.602

Wichtigste Neuerungen & technische Änderungen:

1/1964: Beim **AZA** und **AZAM** gibt es Befestigungspunkte für Sicherheitsgurte, Beckengurte der vorderen Sitze. Auch die Sitzgestelle werden geändert.

4/1964: Ab April nietet man Typenschilder aus Aluminium ein. Eine ovale Papierplakette mit Farbnummern ist in der Mitte der Spritzwand aufgeklebt. Der **Ami6** erhält eine runde Alu-Plakette mit eingeschlagener Referenznummer. Der **Ami6** erstärkt mit einem 24,5 PS starken Motor durch Verdichtungssteigerung von 7,5: 1 auf 7,75: 1. Eine Fliehkraftkupplung ist als Option erhältlich. Die Motorhaube ist von innen zu öffnen. **AZA, AZAM,** AZU haben Entlüfterventile von den D-Modellen.

Start des Werkes „Citroën Lusitania", (nachdem der Vertrag bereits 1962 geschlossen wurde) in Mangualde in Portugal für die Fertigung von **2CV**, wegen der strengen Einfuhrbeschränkungen. Zuerst wurde der heimische Markt bedient und zum Schluss sogar Europa, nachdem das Werk in Levallois geschlossen wurde. Aber auch andere Modelle wurden hier produziert, wobei die portugiesische Qualität einen guten europäischen Standard erreichte.

1964: 2CV AZAM Badespaß in Tunesien

6/1964: Es werden die ersten schlauchlosen Michelin-Reifen in der Standardgröße 125 x 380 montiert. Neue DS-Bremsleitung mit 4,5 mm Durchmesser aus Aluminium.

1964: 2CV AZAM ohne vorn angeschlagene Türen, quer abgelichtet

11/1964: Wird das Übersetzungsverhältnis des 1., 2., 3. und des RW-Ganges bei den Getrieben der folgenden Fahrzeuge geändert: 2CV (AZA – AZAM – AZU). Hierdurch ist ein neuer Tacho notwendig. Die Markierungsstriche für die einzelnen Gänge werden auf dem Tacho geändert. Dieser ersetzt den früheren Tachometer, der bereits September 1962 bis März 1963 eingebaut wurde.

12/1964: Wegen geänderter Vorschriften sind die Vordertüren vorne angeschlagen. Die überzogene Bezeichnung „Selbstmördertüren" hat keine Berechtigung mehr. Nunmehr wird die Sekuri-Frontscheibe eingesetzt.

1964: 2CV AZAM mit geteiltem Kennzeichen im Studio

1964: 2CV AZAM für Studioshootings mit geschlossenen Türen abgelichtet

Modelljahr 1965, gefertigt: 154.058 Stück

2CV AZ, 16-PS 425 cm³, Normale Kupplung: Chassis-Nr. 8.561.201 bis 8.561.291 (bis 1. Dezember 1964)

2CV AZL, 16-PS Fl.-Kuppl. 1.640.001 bis 1.677.121

2CV AZAM 16-PS Fl.-Kuppl. 1.690.001 bis 1.711.184

2CV AZAM, 16-PS Trocken-K. 1.690.001-1.711.184

2CV AZL, 16-PS F.-Kuppl. 1.732.001 bis 1.746.460

2CV AZAM 16-PS Fl.-Kuppl. 1.755.001 bis 1.806.810

2CV AZU, 16-PS, 425 cm³, Chassis-Nr. 1.170.001 bis 1.171.184 (Türen hinten angeschlagen)

2CV AZU, 16-PS, 425 cm³, Chassis-Nr. 1.175.001 bis 1.180.300 (Türen vorn angeschlagen)

2CV AK, 21-PS 602 cm³, Fliehkr.- o. N.Kuppl.

2CV 4x4 Sahara, zweimal 16,5-PS 425 cm³

Ami6 24,5-PS 602 cm³, 1.9.64 bis 31.8.65 Berline:
9.334.000-9.392.303 & 9.393.500-9.394.564 Break:
9.100.001-9.101.399 & 9.600.000-9.635.619 & 9.640.000-9.646.041

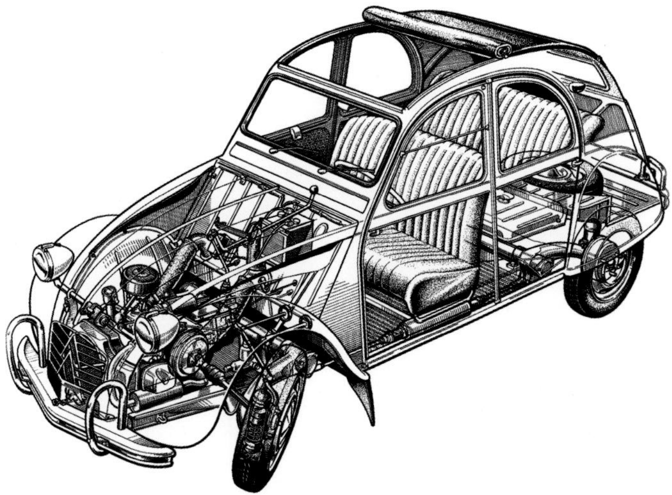

↑ 1965: 2CV Röntgenansicht noch ohne homokinetische Gelenkwellen

← 1963: 2CV Prospekt: Oma von Delpire

Wichtigste Neuerungen & technische Änderungen:

Die Sicherheitsgurte sind aufpreispflichtig.

1/1965: Im Januar gibt es einen **2CV** mit Ami6 Motor (24,5, PS), genannt **3CV Luxe,** die Lieferung in die Bundesrepublik findet im September 1966 statt.

4/1965: Die Modelle werden neu aufgeteilt: der **2CV** Tourist mit Ausstattung des bisherigen **Standard,** ohne hinteres drittes Seitenfenster, ohne Fliehkraft-Kupplung.

2CV Standard ausgestattet wie der Tourist, jedoch mit Fliehkraftkupplung. **2CV Confort,** wie der vorherige Luxe, aber ohne drittes Seitenfenster und ohne Fliehkraftkupplung. **2CV Luxe** mit unveränderter Ausstattung.

7/1965: Verstärktes hinteres Rahmenteil. Die Positionslampen entfallen, man richtet sich langsam auf den europäischen Markt ein. Die Parkleuchten zu beiden Seiten sind neu und die Blinker erhalten ein größeres Format. Neue Rücksitzbank wieder mit umklappbarer Rücksitzlehne. Bei **AZA, AZAM:** neue Halterung für das Reserverad im Motorraum, neuer Rückfensterrahmen. **AZ, AZAM:** andere Motorhaube mit aufgesetzten Chrom-Citroën-Doppelwinkel, Stoßstangen mit schwarzem Plastikprofil, Nummernschildbefestigung jetzt nicht zweigeteilt. Der **Sahára** bekommt stärkere 16,5-PS Motoren.

Der **Ami6 Break** erscheint in drei Versionen: Tourisme, Confort und Commercial. Die Zuladung beträgt 320 kg.

← 1968: AZL Vorderraum mit Amaturen, 25-km Tacho

1967: 2CV AZAM mit neuem AMI-6-Tacho ab Juli

7/1965: Die Fusion mit Panhard wird von der außerordentlichen Aktionärsversammlung ratifiziert. Folge ist auch eine Kapitalvergrößerung von Citroën. Im gleichen Jahr führt man auch das Hitzelackierverfahren Airless ein, 25- bis 30 % Lackersparnis erreicht man hierdurch.

9/1965: Die homokinetischen Gelenkwellen werden beim **AZAM** serienmäßig eingebaut; endlich ist das rhythmische Schlagen des Lenkrades beim Anfahren in der Kurve zu Ende. Im **2CV AZA** ist sie gegen Aufpreis lieferbar.

Modelljahr 1966, gefertigt: 168.384 Stück

2CV AZ 16-PS Trocken-Kuppl. 8.561.601 bis 8.561.626
2CV AZ 16-PS Fl.-Kupplung: 8.561.601 bis 8.561.626
2CV AZL 16-PS 425 cm^3 Fl.-Kuppl. 1.825.000-1.862.315
2CV AZAM, 16-PS 425 cm^3 Fl.-K.1.810.001-1.824.696
2CV AZAM, 16-PS 425 cm^3, N.-K. 1.865.000-1.954.001
2CV AZU, 16-PS, 425 cm^3
3CV AZAM 21-PS 602 cm^3, Fliehkr.- o. N.kuppl.
3CV AK 21-PS 602 cm^3, Fliehkr.- o. N.kuppl.
2CV 4x4 Sahára, zwei mal 16,5-PS 425 cm^3
Ami6, 24,5-PS 602 cm^3, ab 1.9.65 bis 31.8.66
Berline: 9.415.000-9.432.980 & 9.435.000-9.437.535 & 9.395.000-9.410.659 & 9.438.000-9.442.255
Break: 9.136.800-9.149.166 & 9.646.100-9.762.048.

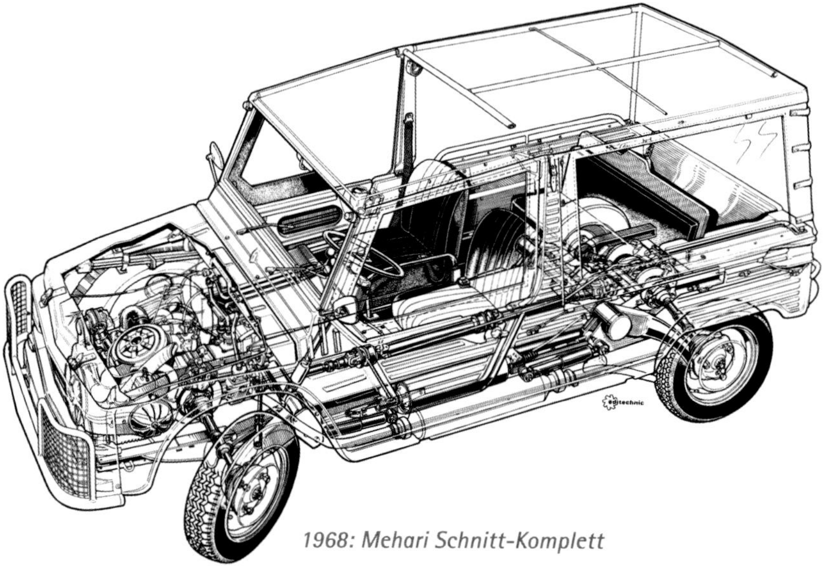

1968: Mehari Schnitt-Komplett

4/1966: Vordere rechteckige Blinker in den Kotflügeln bei Exportmodellen seit 1963 (D)

10/1966: Die Modelle **2CV, 3CV Ami6** und **Ami Break** erhalten eine neue Primärwelle (TR.460/66).

Die hinteren Reibungsdämpfer sind durch hydraulische Teleskopstoßdämpfer ersetzt. Die vorderen Reibungsstoßdämpfer werden durch Gummimanschetten geschützt, da der Wassereintritt die frühe Verrottung der Reibbeläge hervorrief. Neuer Kühlergrill, die Doppelwinkel finden nun in bescheidener Größe oberhalb auf der Motorhaube Platz.

Wichtigste Neuerungen & technische Änderungen:

AZA, AZAM, AZU haben jetzt einen Handbremshebel mit Druckknopfarretierung. Die Türen verlieren die sichelförmigen Griffe und erhalten halbmondförmige, außerdem gibt es neue Feststeller für die Klappfenster.

Die Stoßstangen erhalten eine Gummiauflage. Beim **2CV** und **2CV Luxe** werden das hintere und rechte Füllblech für den Einbau eines 3. Fensters geändert. Eine komfortable Standheizung gibt es gegen Aufpreis, man konnte diese Bestellungen jedoch an einer Hand abzählen.

Die Bordelektrik der Fourgonette hat jetzt 12 Volt, Ladeleistung der Lima 240 Watt, Batterie 12 V, 30Ah.

5/1966: Ein Lenkradschloss gegen Aufpreis wird angeboten.

12/1966: Die Ventildeckel werden bei **2CV** und **Ami6** geändert und die neuen Hutmuttern haben den gleichen konischen Ansatz wie am Deckel.

1967: 2CV-Export in einem Wald

Modelljahr 1967, gefertigt: 98.685 Stück

2CV AZ, 16-PS 425 cm³, Normale Kupplung: Chassis-Nr. 8.561.630

2CV AZ, 16-PS 425 cm³, Fl.-Kupplung: 8.561.630

2CV AZL, 16-PS 425 cm³, Fl.-Kuppl.: 7.000.000

2CV Export, 16-PS 425 cm³, Fl.-Kuppl.: 7.012.000

2CV Export, 16-PS 425 cm³, Trocken-K.: 7.012.000

3CV AK 21-PS 602 cm³, Fliehkr.- o. Normalkupplung

2CV 4x4 Sahara, zwei mal 12-PS 425 cm³, Einstellung

Ami6, ab 1. 9.66 bis 31.8.67,

Berline: 9.443.000-9.438.966 & 9.460.000-9.484.33

Break: 9.763.000-9.770.664 & 9.778.000-9.898.718

Wichtigste Neuerungen & technische Änderungen:

4/1967: Die abstrakte Modellbezeichnung **AZAM** wird nun zum verständlichen **2CV Export:** „Geierschnäbel" fallen weg wegen neuer Tür- und Kofferschlossgriffe, anderer oberer Halteknopf für die Klappfenster. Die weißen Blinker finden in den Kotflügeln eine neue Position und werden nun über den hinteren Seitenfenstern montiert. Schwarzes Armaturenbrett mit dem Zeitgeist entsprechendem Breitbandtacho (wie **Ami6**). Die Felgen wurden mit den zusätzlichen Reifenblenden „Flanc Blanc" und Radkappen versehen. Für Deutschland, entsprechend den Vorschriften, einzelne Vordersitze; für Frankreich und Belgien die durchgehende vordere Sitzbank. Option: pneumatische Scheibenwaschanlage manuell zu bedienen, rechter Rückspiegel. Der 2CV4 x 4 wird zwar noch im Katalog angeboten, jedoch Fertigungstop im Sommer.

7/1967: Der Autor erwirbt am 14. Juni seine erste Ente, Kundenpreis 3.990 minus Werksrabatt, mit Farbe Kandahar mit 30,- DM Bereitstellungskosten.

8/1967: Das neue Modell Dyane 4, zwischen 2CV und Ami6 angesiedelt, stellt Citroën 28. August mit der gewölbten Kolben-Motorvariante 7,88:1, 425 ccm,18 PS bei 4.750 U/min und 2,9 mkg/3.250 U/min vor. Der Autor selbst war bei der IAA Präsentation in Frankfurt als Messemechaniker bei dem Frankfurter Citroën Händler Häusler im Einsatz und auch am Wochenende bei den berüchtigten Wedeltests mit den DS-Modellen. Diese berühmten IAA -Probefahrten wurden letztmalig durchgeführt, da sie durch einen schweren Unfall mit verletzten Personen endeten.
Als Variante gibt es Confort und Commercial gefolgt von der „Acadiane" als Fourgonette. **Am 28. August 1967** wird 2CV Motor für den **AZU**-Kastenwagen mit Solex Vergaser 32 PICS ausgerüstet (gleicher wie Dyane6). Neue Kolben, um eine Verdichtung von 7,88:1 zu erreichen. Leistung 18-Din-PS bei 4.750; 4 mkg bei 3.500 U/min.

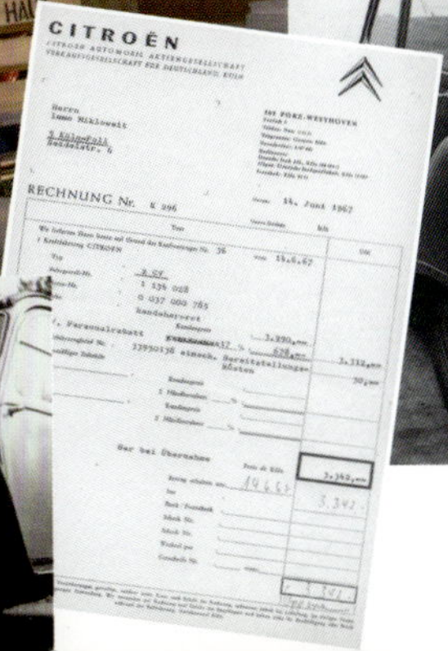

CITROËN

RECHNUNG Nr. K 296

14. Juni 1967

1 Kraftfahrzeug CITROEN

36

15.6.67

2 CV

1 134 028

0 037 000 785

Handeshavret

/. Personalrabatt

3.990,--

678,--

3.312,--

einsch. Bereitstellungskosten

30,--

Bar bei Übernahme

3.342,--

14.6.67

3.342

J. WOLGENSINGER - J.P. CARDINAL
1
TOTAL
RAID AFRIQUE 1973
CITROEN
RTL
RTL
TOTAL
TOTAL
AFRIQU

Die 1970er Jahre

Modelljahr 1970, gefertigt: 121.096 Stück

2CV 18-PS 425-cm^3 Special 3.990 DM ab Köln

2CV4 AZL 4 23PS/ 26 SAE 435-cm^3, Motortyp: A 79/1,

1. Fzg.Ident.Nr. 785.000.1

2CV6 AZL 6 KA 28-PS 602 cm^3, M28/, 00 KA 0002

2CV AK 400 AKS 28-PS 602 cm^3 ab 7/70: 00KA0001

2CV4 AZU 250 18-PS Serié-B 421 cm^3, Motor A 79/1

Dyane 4 AYA 2 Sé. AM 23-PS 435 cm^3 ab: 5/70 7418.00

Dyane 6 AYB AY-CB 602 32-PS cm^3 ab 5/70: 00CB0001

Wichtigste Neuerungen & technische Änderungen:

2/1970: Produktionsbeginn **2CV4 und 2CV6** Motorhubraum 602 cm^3, Verdichtung 8,5:1, Bohrung X Hub: 74 X 70 mm. 28 (28,5) DIN PS Leistung bei 6.750 U/min. 4 m/kg Drehmoment bei 3.500 U/min. 110 km/h, Tacho geht bis 130; 6,1 l/100 km DIN-Verbrauch. Für beide Modelle Wechselstromlicht-

← 1971: 2CV Rallye-RaidAfrique

maschine 12 V/390 Watt, Batterie 12 V/ 25 Ah. 20 l Tankinhalt, Kunststoff-ventilator mit acht Flügeln, hängende Pedalerie, Blinker gemeinsam im Rückleuchtenblock, vorne versenkte runde Blinker vom **Ami6**, pneumatische Scheibenwaschanlage Standard, per Handrad verstellbare Fahrersitzrückenlehne. Einzelsitze in F. gegen Aufpreis. Durch eine geänderte Übersetzung ist die Lenkung nun leichter zu betätigen. Sicherheitsglas für Frontscheibe in F. gegen Aufpreis erhältlich. Innenausstattung deutlich geändert.

3/1970: Zweipunkt-Sicherheitsgurte in Serie montiert

6/1970: Geänderte Bremsleitungen. Bei der Homologation des **2CV4** gibt es Probleme, auf dem Citroën Parkplatz standen viele Hundert Enten, welche auf ihre Kunden warten; auf eine von ihnen

1975: 2CV Innenraum orange, Dach offen

wartete auch der Autor. Die Produktion des **2CV** mit 16 PS wird eingestellt.

5/1970: 2CV4 435 cm³, Verdichtung 8,5:1, Bohrung X Hub: 68,5 X 59 mm. 23 DIN PS (26 SAE) bei 6.750 U/min, in der versicherungsgünstigen Klasse bis maximal 23 PS; 2,9 m/kg Drehmoment bei 4.000 U/min. V-max 102 km/h. 5,4 l/100 km DIN-Verbrauch. Ab 2/1970 in F, auch mit Fliehkraftkupplung

7/1970: Fourgonette, neues Modell AKS 400 (Handelsbezeichnung Citroën 400); Motor-Getriebe, Bremsen, Aufhängung stammt vom AK 350. Geänderte Karosserie Länge x Breite x Höhe: 380,5 x 150 x 184 ccm. Leergewicht: 1.115 kg, Höchstgeschwindigkeit 85 km/h, Verbrauch 7-8 l/100 km.

RTL
TOTAL
KANTERBRÄU

9/1970: Der Ventilator hat nun neun Flügel.

11/1970: Wird beim **2CV6** mit den Motoren M28 und M28/1 der Ölfilter außerhalb des Motors angebracht.

11/1970: Beim **2CV4, Dyane 4** und **AZU**, der nun hinten Bogestoßdämpfer spendiert bekommt, werden die Trägheitsdämpfer ab November 1970 fortgelassen.

11/1970: Seit dem 1. November baut man in den **2CV4** und **2CV6** die gleichen Federtöpfe wie bei der **Dyane 4** und **Dyane 6** ein.

Modelljahr 1971, gefertigt: 121.265 Stück

2CV4 23-PS 435 cm^3

2CV6 AZ-KA 28-PS 602 cm^3, FG-Nr: 00 KA 0002

2CV AKS 400 28-PS 602 cm^3

2CV4 AZU 250 18-PS 425-cm^3

Wichtigste Neuerungen & technische Änderungen:

Einstellung der Produktion des 16-PS- **2CV**.

← 1971: Raid Kabul Startplatz

2/1971: Gleiches „hängendes" Pedalwerk wie AY und AK.

5/1971: Ab 3. Mai entfallen auch die Trägheitsdämpfer beim **2CV6**. Der **2CV4** hatte keinen Ölfilter.
In Levallois wurde bei der Lackierung das elektrostatische Verfahren eingeführt. Die Achsenherstellung verlegte man von dort nach Caen.

1970: 2CV-6 Volant mit Sitzbank

1976: 2CV Spot am Hafen

Modelljahr 1972, gefertigt: 133.530 Stück

2CV4 23-PS 435 cm^3

2CV6 28-PS 602 cm^3

2CV AKS 400 28-PS 602 cm^3

2CV4 AZU 250 18-PS 425-cm^3

2CV4 AZU Typ 250 23-PS 435-cm^3, 420 kg Nutzlast

Ami8 Berline (AM Série JA) ab 9/1972: AM00JA0001

Ami8 Break (AM Série JB) ab 9/1972: 14JB0001

Ami8 Service (AM Série JC) ab 9/1972: 01JC0001

Wichtigste Neuerungen & technische Änderungen:

2/1972: Durch die gesetzlichen Vorschriften ab 1.Januar gibt es neue Kraftstoffe. Hier wird der Bleigehalt der Kraftstoffe reduziert. Deshalb sinken die Oktanzahlen um zwei Punkte. Somit wurden Kunden veranlasst Superkraftstoff zu fahren, da in einigen Fällen der Normalkraftstoff nicht mehr ausreichte.

9/1972: Die **2CV-** und **Dyane**-Modelle erhalten serienmäßig Dreipunkt-Sicherheitsgurte wegen der 1973-Sicherheitsnorm. Hierdurch neue Karosserie wegen der Befestigungspunkte der hinteren Sicherheitsgurte und fehlende Rheostatöffnung für den Tank. Dieser ist nun aus Kunststoff, und fasst 25 Liter: Die ersten Modelle, die den größeren Tank aufweisen, sind **Dyane, Dyane 6** und **Méhari**, der **2CV** Kunststoff-Tank behält 20 Liter, konnte aber umgebaut werden.

9/1972: Der **AZU** wird äußerlich als Serie B überarbeitet und besitzt den neuen Motor mit 24 PS bei 6.750 U/min. und 435 cm^3. Er nennt sich nun AK 250, mit 1,63 Kubikmetern Ladevolumen,

1973: Raid Afrika Wüstenbewältigung →

und sein Pendant AK 400, mit 2,12 Kubikmetern Ladevolumen. Beide erhalten hängende Pedale, neue Bremsen, Karosserie ist dem AK angepasst.

8/1972: Seit dem 29. August sind alle A-Modelle mit einem Vergaser ausgerüstet, der den Normen der Abgasentgiftungsvorschriften entspricht.

9/1972: Alle Motoren werden seit dem 1. September europäischen Abgasgesetzen bei unveränderter Leistung angepasst, es werden Vergaser mit Abgasentgiftung eingesetzt. Alle Modelle erhalten neue Ölabstreifringe zur Reduktion des Ölverbrauchs. Außerdem Reduktion der Phonzahlen, verbesserte Geräuschdämmung mittels zusätzlicher Dämmmatten an der Spritzwand und unter der Motorhaube. Auch Heizungsführungen mit Dämmmaterial geschützt. Der Unterboden- (Tectyl 894 C) und Hohlraumschutz (Tectyl 506 B) ist Serie, nachdem es am 8.9.1971 in Deutschland als zusätzlicher Schutz angeboten wurde.

Modelljahr 1973, gefertigt: 123.819 Stück

2CV4 23-PS 435 cm^3
2CV6 28-PS 602 cm^3
2CV AKS 400 28-PS 602 cm^3
2CV4 AZU Typ 250 23-PS 435-cm^3, 420 kg Nutzlast
Ami8 Berline (AM Série JA) ab 9/72: 19 JA 5501
Ami8 Break & Com (AM Série JB) ab 9/72: 17 JB4501
Ami8 Service (AM Série JC) ab 9/72: 01JC5501

Wichtigste Neuerungen & technische Änderungen:

Alle **2CV4** und **2CV6** kommen mit Armaturenfinish, Aschenbecher hinter Lüfterklappe und nur 2CV6 mit gepolstertem Einspeichen-Lenkrad. Die Dämmaßnahmen ab September des Vorjahres wurden bereits im Kapitel 1972 beschrieben. Der Limaregler ist an der Batterie angebracht. Der AKS erhält Anlasser mit Plus-Schaltung.

7/1973: Ein auf 19 mm Durchmesser vergrößerter Hauptbremszylinder wird eingebaut. Mit dem 25-jährigen Geburtstag kommen jetzt Farben ins Spiel: Es gibt farbige Stoffbezüge und die Popgrün- sowie Orange-Farbgestaltung bringt etwas mehr Pep.

1973: TA-2CV POP Styling-Studie im Retro-Look mit GS-Triebwerk

Der Méhari wird in der 2- oder 4-Platzversion gefertigt.

9/1973: Einbau verstärkter Türscharniere, die besseren Schutz gegen das Aufspringen bieten.

Modelljahr 1974, gefertigt: 163.143 Stück

2CV4 AZ Série A2, 23-PS -AYA-2 1.F.Nr: 09.066.001

2CV6 AZ Série KA, 28-PS AK2, 1.F.Nr. 15KA6501

2CV4 AZU 250 Série B, 23-PS 435 cm³, Motor-AYA-2, 1.Fzg.Ident.Nr. 07.824.501

2CV6 AKS 400 AK Serié AK, 28-PS 602 cm³, Motor AK2 1. Fzg.Ident.Nr. 08AK6501

Dyane AY2 Série A. 1.Fzg.Ident.Nr.7.770.001

Dyane 6 AY Série CB 1.Fzg.Ident.Nr. 21 CB 6001

Méhari AY Série CA 1.Fzg.Ident.Nr. 04 CA 6001

Ami8 Berline (AM Ssérie JA) 1.Fzg.Ident.Nr.19JA 5501

Ami8 Break (AM Série JB) 1.Nr.17JB 4501

Ami8 Service (AM Série JC) 1.Fzg.Ident.Nr. 01JC 5501

← 1979: Méhari Vorderraum

Wichtigste Neuerungen & technische Änderungen:

Alle Modelle tragen die ungeliebten rechteckigen Scheinwerfer; **2CV4** und **6** Stoßstangen mit Gummischutzleiste, neuen Kühlergrill mit Citroën-Emblem. Ferner neue Türverkleidungen mit Kunststoffumrandung und als Highlight ein von innen zu öffnendes Roll- Klappverdeck. (Typ Dyane). Es ist sogar von innen zu öffnen und zu schließen, hierfür sind stabile Befestigungsspanner innen vorgesehen. Die Lenksäule und das Lenkrohr werden verlängert (auch Dyane). Armaturenbrett, Schalthebel und Lenkrad sind farblich abgestimmt. Beide Modelle erhalten neue Typenschilder und einen neuen Aschenbecher.

1975: 2CV Cross-Wettbewerb →

CITROEN

Modelljahr 1975, gefertigt: 122.542 Stück

2CV4 AZ Serié A2, 23-PS 435 cm^3, Motor-AYA-2, 1.Fzg.Ident.Nr. 09.140.001

2CV4 Spécial 23-PS 435 cm^3, Motor-AYA-2

2CV6 AZ Serié KA, 28-PS 602 cm^3, Motor AK2, 1.Fzg.Ident.Nr. 23KA8001

2CV4 AZU 250 23-PS, AYA-2, 1.Nr. 07.837.001

2CV6 AKS 400 AK Serié AK, 28-PS 602 cm^3, Motor AK2 1.Fzg.Ident.Nr. 12 KA 7001

Dyane 4 AY2 Série A. 1.Fzg.Ident.Nr. 7.793.001

Dyane 6 AY Série CB 1.Fzg.Ident.Nr. 30 CB 6001

Méhari AY Série CA 1.Fzg.Ident.Nr. 06 CA 1001

Ami8 Berline (AM Série JA) ab 9/1974: 22 JA 1001

Ami8 Break (AM Série JB) ab 9/1974: 20 JB 5001

Ami8 Service (AM Série JC) ab 9/1974: 01 JC 8501

1979: 2CV6 Armaturen und Vorderraum ›

← 1973: TA-2CV POP Styling-Studie, Heckteil mit Reserverad-Halterung

Wichtigste Neuerungen & technische Änderungen:

1/1975 Luftfiltereinsatz aus Schaumstoff, Vergaser und Auspuffanlage. Bei allen Modellen sind die Nassluftfilter durch Trockenluftfilter ersetzt.

9/1975: Das neue Modell Spécial verfügt über **2CV4**-Technik, jedoch runde Scheinwerfer, Sparausstattung und das dritte Seitenfenster fehlt. Das Lenkradschloss wird mit der Position „Anlassen" versehen und hat drei statt zwei Anschlüsse. Deshalb wandert der Chokezug rechts vom nun braunen Schaumgummi-Lenkrad. Rechteckige Scheinwerfer mit breiterem Lampenbaum ersetzen leider die runden; die Scheinwerferstangen werden länger. Neuer Frontgrill aus Plastik mit größeren Doppelwinkeln. Größere hintere Stoßstange mit Gummistoßschutz. Innen an den Türen nun eine angeschraubte Kunststoffblende, die von dem Türöffner bis zum Türschloss führt. Ferner Maßnahmen zur Geräuschdämpfung, Änderungen am Auspuffkrümmer.

1979: 2CV6 Blick auf Armaturenbetätigung und Lenkrad →

1976: 2CV Special Amaturen

Modelljahr 1976, gefertigt: 134.396 Stück

2CV4 AZ Serié A2, 23-PS 435 cm^3, Motor-AYA-2, 1.Fzg.Ident.Nr. 06 KB 0001

2CV4 Spécial 23-PS 435 cm^3, Motor-AYA-2, 1.Fzg.Idcnt.Nr. 06 KB 0001

2CV Spot AZ Serié A2, 23-PS 435 cm^3, Motor-AYA-2.

2CV6 AZ Serié KA, 25-PS 602 cm^3 AK2, 1. 30 KA 9001

2CV4 AZU 250 Serié B, 23-PS 435 cm^3, Motor-AYA-2, 1.Fzg.Ident.Nr. 00 AP 0001

2CV6 AKS 400 AK Serié AK, 25-PS 602 cm^3, Motor AK2 1.Fzg.Ident.Nr. 15 AK 2001

2CV4 AZKB Motor AYA 2, Verdichtung 8,5:1, 23 PS

2CV6 AZKA, 1.Fzg.Ident.Nr.: 38KA0001, Motortyp AK2, Verdichtung 8,5:1, 25 PS

Dyane 6 AY Série CB 1.Fzg.Ident.Nr. 37 CB 4001

Méhari AY Série CA 1.Fzg.Ident.Nr. 07 CA 0001

Ami8 Berline (AM Série JA) 7/75 bis 6/76: 23 JA 9501

Ami8 Break (AM Série JB) 7/75 bis 9/75: 22 JB 7001

Ami8 Service (AM Série JC) 7/75 bis 9/75: 02 JC 1701

Wichtigste Neuerungen & technische Änderungen:

Das Modell Spezial (435 ccm) wird angeboten: Es ist fast eine Urente, eine Sparversion des 2CV4 mit wieder runden Scheinwerfern, ohne drittes Seitenfenster, kleinere hintere Stoßstange, keine Zierleisten, keine innere Dachverriegelung, wegen der Abgasregelung nur 25 PS, kleines schwarzes Lenkrad mit 390 mm Durchmesser statt 430 mm (erst ab 30. April 1977), schlichtere Sitze mit

Targa-Bezügen und kleinem Tachometer. Kühlergrill ohne verchromte Einfassung und verchromte Citroën-Winkel, nur eine Deckenleuchte. Zwei 2CV Basket, durch Claire Pagniez gestylt, werden auf dem Concours de l'école Camondo gezeigt.

1/1976: Jedes ab 1. Oktober in den Verkehr gebrachte Fahrzeug mit Ottomotor muss mit einem „verplombten" Vergaser ausgestattet sein. Eine Einstellung des Gemisches macht anschließend wieder eine Verplombung mit einem Spezialwerkzeug notwendig.

4/1976: Anlässlich des Fünfmillionsten 2CV gibt es das Sondermodell „Spot" (1.800 Stück), dies stand für: Spécial Orange Ténéré, mit **2CV4** Technik, Lackierung orange-weiß, gestreiftes Sonnensegel unter dem Dach, Sitze orange, seitliches Dekorband orange mit dem Schriftzug „**Spot**"; nach einer Woche ist keine der 1.800 Spotente mehr zu haben. Leichtgängigere Lenkung durch Übersetzung 1:17 statt 1:14 bei den Modellen **2CV6**, **2CV4**-Spécial, Citroën-**250**, Citroën-**400** und **Dyane-6**. Klebeband statt Gummi auf den Stoßstangen, Typenschild auf Kofferklappe aus Plastik. Auch beim **2CV6** wird die Leitung auf 25 PS reduziert, auch geänderter Luftfilter. Die **Dyane 4** wird nach Erschöpfung der Wagenbestände nicht mehr hergestellt. Bei den Modellen **2CV6**, **Méhari** und Citroën **400** ist der Vergaser Solex 34 PICS 6 (175) montiert. Die **Méhari-AZU-AK** bekommen ein Lenkradschloss und serienmäßig Dreipunktsicherheitsgurte.

7/1976: Jetzt Zweikreisbremsanlage für alle A-Modelle mit Tandem-Hauptbremszylinder sowie Kontrollleuchte zum Anzeigen des Mindeststandes (Niveaucode) am Zweikammerngefäß. Der Prüfknopf hierfür ist nun Standard. Die neuen Hauptbremszylinder sind nun mit „Ventilen" ausgestattet. Alle Modelle haben auch vorne hydraulische Teleskopstoßdämpfer; aus diesem Grund geändertes Chassis und Schwingarme.

1971: Raid Kabul Festung →

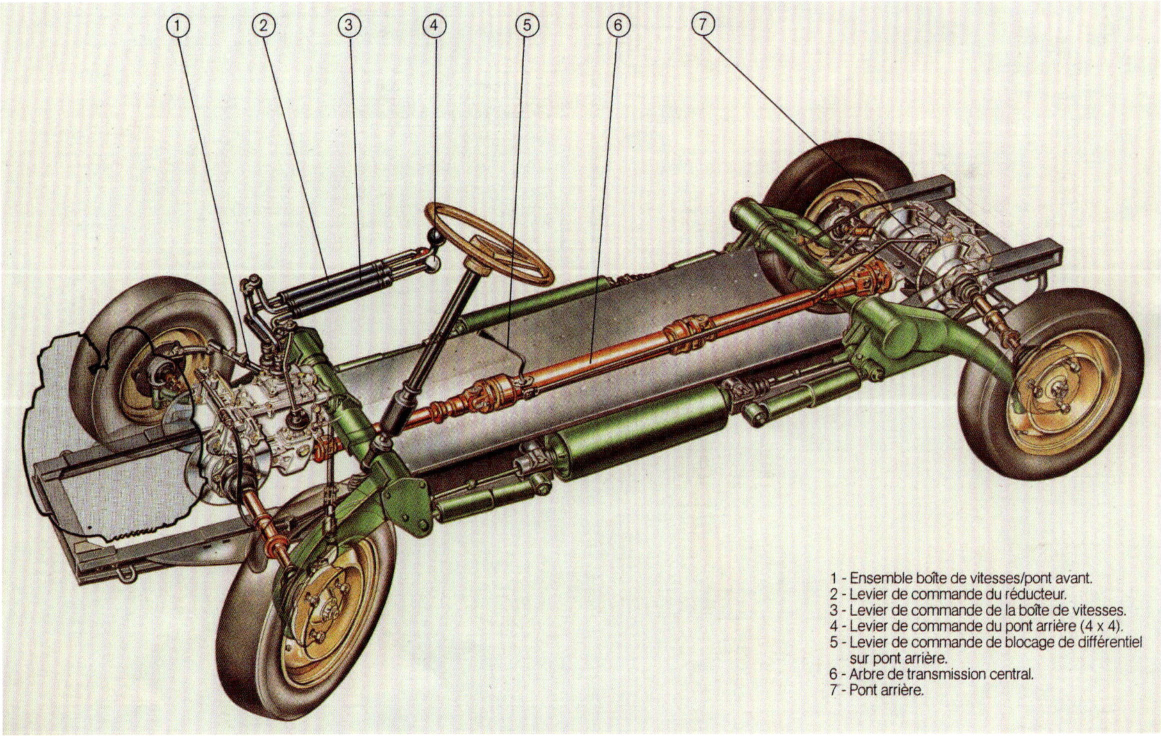

1 - Ensemble boîte de vitesses/pont avant.
2 - Levier de commande du réducteur.
3 - Levier de commande de la boîte de vitesses.
4 - Levier de commande du pont arrière (4 x 4).
5 - Levier de commande de blocage de différentiel sur pont arrière.
6 - Arbre de transmission central.
7 - Pont arrière.

Modelljahr 1977, gefertigt: 132.458 Stück

2CV4 AZ Serié KB, & **Spécial** 23-PS 435 cm^3,
Motor-AYA-2 1.Fzg.Ident.Nr. ab **7/1976**: 06 KB 0001
2CV6 AZ Serié KA, 25-PS 602 cm^3, Motor AK2,
1.Fzg.Ident.Nr. ab 10/1976: 38 KA 0001
2CV4 AZU 250 Serié B, 23-PS 435 cm^3, Motor-AYA-2,
1.Fzg.Ident.Nr. ab 10/1976: 01 AP 0001
2CV6 AKS 400 AK Serié AK, 25-PS 602 cm^3, Motor AK2
1.Fzg.Ident.Nr. ab 10/1976: 18 KA 0001
Dyane 6 AY Série CB, 32-PS, ab 10/1976: 47 CB 0001
Méhari AY Série CA 1.Fzg.Ident.Nr. 08 CA 0001
LN RB Série RB, 32-PS-Motor R06627, 1.Fzg.Ident.Nr. ab
erste Produktion 12/1976: 00RB 0001
Ami8 Berline (AM Série JA) 7/76 bis 6/77: 26 JA 0001
Ami8 Break (AM Série JB) 7/76 bis 6/77: 26 JB 0001
Ami8 Entreprise (AM-JC) 7/76 bis 6/77: 02 JC 6001

← *1979: Méhari 4x4 Triebwerk in coloriertem Schema*

Wichtigste Neuerungen & technische Änderungen:

Bei den Fahrzeugen Ami8 Limousine, Break und Service (AM 3 - AMF 3- AMC 3) und bei den Kleinlieferwagen (AK) fällt die Federung mit Wechselwirkung fort. Durch das Einsetzen von zwei Hülsen zwischen dem Federtopf und den Stützen auf den Längsträgern, wird der Federtopf wieder fest. Der 2CV4 bekommt jetzt ebenfalls eine Lenkung mit vergrößerter Übersetzung und kleinerem Lenkrad. Die Lenkung der 2CV Spezial und Méhari bleibt unverändert.

Der Vertrieb der Ami Super wird eingestellt.

Es verbleiben folgende Fahrzeuge:

2CV4 - 2CV6 - 2CV Spezial
Dyane - Méhari - Citroën 250 - Citroën 400
Ami8 Limousine - Ami8 Break - Ami8 Service

In der Fertigung rückt man von der Qualitäts-Endkontrolle ab und integrierte diese in die Produktionsgruppen.

Modelljahr 1978, gefertigt: 108.825 Stück

2CV4 AZ Serié A2, 23-PS 435 cm^3, Motor-AYA-2, 1. Fzg.Ident.Nr. ab 10/1977: 12 KB 3001

2CV Spécial AZ Serié A2, 25-PS 602 cm^3, Motor-AYA-2, 5.995,- DM ab Köln, 1.F.Id.Nr. ab 10/1977: 12 KB 3001

2CV6 AZ Serié KA, 25-PS 602 cm^3, Motor AK2, 1.Fzg.Ident.Nr. ab 10/1977: 44 KA 5001

2CV4 AZU 250 Sé.B, 23-PS 435 cm^3, ab10/77: 1AP6001

2CV6 AKS 400 25-PS 602 cm^3ab 10/77: 20 KA 6001

Dyane 6 AY-CB 1.Fzg.Ident.Nr. ab 10/1977: 54CB5001

Méhari AY Série CA 1.Fzg.Nr. ab 10/1977: 09 CA 0001

Ami8 Berline (AM Série JA) 7/77 bis 6/78: 27JA 1001

Ami8 Break (AM Série JB) 7/77 bis 6/78: 27 JB 8501

Ami8 Entreprise (AM-JC) 7/77 bis 6/78: 02 JC 8501

LN RB-RB 32-PS ab 10/1978 Fg.Nr. 03RB 5001

Wichtigste Neuerungen & technische Änderungen:

3/1978: Die Fertigung der Fourgonette wird eingestellt und durch die Acadiane ersetzt, Bereifung 135x15. Alle Modelle erhalten serienmäßig Dreipunktgurte. Der 2CV6 erhält den Beinamen „Confort", alle 2CV und Dyane-Modelle bekommen Automatik-Sicherheitsgurte (für Deutschland). Beim Modell Special ist ein drittes Seitenfenster, Einzelsitze vorne und Fliehkraftkupplung in Frankreich als Option erhältlich.

Die Dyane erhält Automatiksicherheitsgurte. Die Dyane 6 ist serienmäßig mit vorderen Scheibenbremsen ausgerüstet. Hier darf nur die LHM-Flüssigkeit (Mineralöl-Basis) verwendet werden. Die Dyane erhält den gleichen Vergaser wie der Ami8: Solex 26/35 CSIC Kenn-Nr. 197; ebenso gleichen Luftfilter vom LN.

8/1978: Alle Bremsleitungen werden für den vorderen und hinteren Bremskreislauf der A-Modelle von **den bisherigen ISO-Anschlüsse auf die Anschlüsse vom Typ Citroën** umgerüstet.

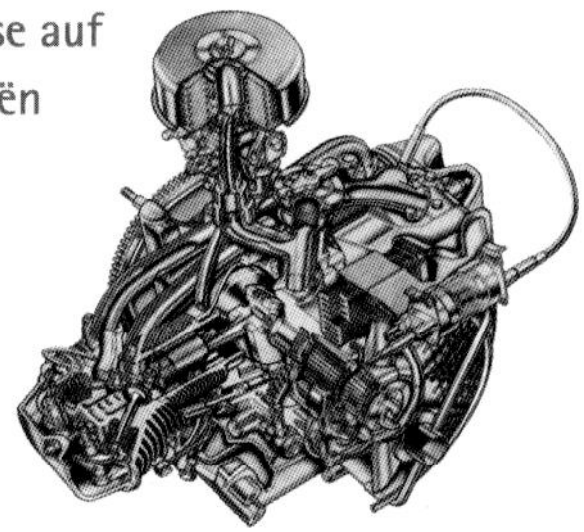

1977: 2CV Basket Concours Commondo →

659B MD75
657B MD75

Modelljahr 1979, gefertigt: 101.222 Stück

2CV6 Spécial AZ Serié KA, 29-PS 602 cm^3, A06/635
Die Nr. der Serie beginnt 1/1978 mit: 18 KB 6001
2CV6 Club AZ Serié KA, 29-PS 602 cm^3, A06/635
Die Nr. der Serie beginnt 1/1978 mit: 50 KA 5001
Ami8 Berline (AM Série JA) 1.Fzg.Ident.Nr. 27JA 1001
Ami8 Break (AM Série JB) ab 10/1977 1.Nr. 27 JB 8501
Ami8 Entreprise (AM Série JC) 1.Fzg.Id.Nr. 02 JC 8501

Wichtigste Neuerungen & technische Änderungen:

Die Fertigung des **2CV4** wird eingestellt. Der 2CV Spécial bekommt Zierleisten an den Türen, das dritte Seitenfenster wird wieder eingeführt. Gegen Aufpreis (nicht in Deutschland) sind die Fliehkraftkupplung und einzelne Vordersitze erhältlich. Die Aluminium-Zierleiste an der Kofferraumkante entfällt für ein schwarzes Dekorband beim **2CV Confort**. Die Rücksitze erhalten Zweipunkt-Beckengurte. Der Kunststofftank mit 25 Litern ersetzt den alten 20-l-Tank. Es werden bis Juli 1982 1.213 Exemplare des Méhari 4 x 4 gebaut. Auch diese erhalten in Deutschland keine ABE, da die CYCOLAC ABS Kunststoffkarosse (A-crylnitrit, B-utadien, S-tyrol) zu leicht entflammbar war. In den USA, Australien, Kanada und Japan hingegen wurde sie produziert. In Paris ließ Marbon Europa den thermoplastischen ABS-Kunststoff durch die Firma S.E.A.B. warmverformen.

5/1979: Der Méhari 4 x 4 erhält 7 Vorwärtsgänge (4 normale und 3 untersetzte) sowie 1 Rückwärtsgang mit Untersetzung, Klauenkupplung an der Antriebswelle zu den Hinterrädern und Differentialsperre.

6/1980: Jetzt schwarzes Plastik-Luftfiltergehäuse

8/1980: Der **2CV6** hat nun den Solex-Doppelvergaser (26/35) für den Motor A06/635 und somit eine Leistung von 29 DIN-PS bei 5.750 U/min.

WWW.EENDEEI.NL
NL
LY-05-HK
STAMPEDE

Die 1980er Jahre

Modelljahr 1980, gefertigt: 89.994 Stück
2CV6 Club AZ Serié KA, 28-PS 602 cm^3, A06/644
Die Nr. der Serie beginnt 1/1979 mit: 56 KA 4001
2CV6 Charleston von 10/1982 bis 9/1981 in Rouge Delage & noir, AZ Serié KA, 28-PS 602 cm^3, A06/644

Wichtigste Neuerungen & technische Änderungen:

Der 2CV Charleston, Design von Serge Gevin, als Nostalgie-Version des 2CV6 Club mit runden verchromten Scheinwerfern. Der 2CV Spécial erhält den gleichen Motor mit 29 PS, aus 602 ccm Hubraum, wie er bereits im 2CV6 eingebaut war. Der 2CV6 nennt sich jetzt 2CV Club. Er hat nun Automatikgurte, und der 20 Liter Blechtank wird durch einen 25 Liter Kunststofftank ersetzt. Das Armaturenbrett trägt nun eine Öldruckleuchte. Seit Februar 1980

← 1981: 2CV Charleston rot-schwarz limitiert

1980: 2CV6 Charleston im Studio hinten

1980: 2CV6 Charleston im Studio vorne

1982: 2CV6 Charleston

1981: 2CV James Bond 007 France Soir

haben die Fahrzeuge Typ „A" aller Typen einen Bremsflüssigkeitbehälter mit Filter, sowie einen Hauptbremszylinder bei dem jeder der beiden Kolben ebenfalls mit einem Filter ausgestattet ist.

Aus Springfield, in den USA, wird über den Micro-Imp berichtet, der tatsächlich fliegt. Hierbei handelt es sich um ein, vom Ingenieur Molt Taylor gebautes, Miniflugzeug mit einer Länge von 4,6 m und einer Spannweite von 8,25 m. Die Kunstharz- und Glasgewebe-Konstruktion wiegt 120 kg leer. Die Zweiblatt-Schubschraube sitzt am Heck des Rumpfes. Sie wird über eine etwa 2 m lange Welle über eine Flüssigkeitskupplung angetrieben. Bei dem 602 ccm 2CV Motor sind lediglich eine Magnetzündung mit elektronischer Verstellung und eine geänderte Kraftstoffversorgung eingebaut. Trotz der niedrigen Drehzahl von 3000 U/min liegt die Höchstgeschwindigkeit bei 180 km/h.

In Deutschland gibt es die „Sunrise II", ein Doppelsitzer, der speziell für die Ultraleichtflugzeugklasse entwickelt wird. Für die erforderlich hohe Zuverlässigkeit wird ein Citroën Visa Motor auserwählt, der auf 40 PS weiterentwickelt wurde. Dieser bekannte Viertaktboxermotor wird mit einer Riemenuntersetzung auf eine maximale Drehzahl von 2.000 UpM am Propeller untersetzt, so dass die „Sunrise II" mit einem Kraftstoffverbrauch von 6 bis 8 Liter Super auskommt.

Modelljahr 1981, gefertigt: 89.472 Stück

2CV6 Club AZ Serié KA, 29-PS 602 cm^3, A06/635
2CV6 Charleston AZ Serié KA, 29-PS 602 cm^3, A06/635

Wichtigste Neuerungen & technische Änderungen:

Neues Herstellerschild entsprechend den EG-Richtlinien. Die Fahrgestellnummer, die bisher auf dem Rahmen, vor dem rechten Sitz, eingeschlagen war, ist ab jetzt auf dem rechten vorderen Längsträger eingeschlagen.

1/1981: Zusätzlich zu der laufenden Nummer in der Fahrgestellnummerserie wird eine (vierstellige) Ersatzteilorganisationsnummer neben dem Kontroll-Papieretikett des Fahrzeuges auflackiert. Diese Orga-Nummer ermög-

licht eine exakte Ermittlung des Produktionsdatums auf den Tag genau im Hinblick auf Änderungen und Weiterentwicklung der Modelle, wodurch das Auffinden der Ersatzteilnummern erleichtert wird. Die ET-Orga-Nummer befindet sich bei den einzelnen Fahrzeugtypen wie folgt: **2CV6:** rechts an der Motor-Spritzwand im Motorraum. Die gleiche Orga-Nummer befand sich bei Dyane und Acadiane rechts am Luftsammlerblech, beim LNA und Visa am vorderen linken Radkasten.

Neuer 2CV Vergaser, entsprechend den EG-Richtlinien: Solex 26/35 SCIC (Markierung CITROËN 226). Abblendbarer Innenspiegel; die Sonnenblenden wurden in der Breite um 15 mm verkleinert.

9/1981: Der **2CV6 Club** erhält vorne Scheibenbremsen, welche identisch mit denen der Dyane sind. Das hydraulische Bremssystem wird mit LHM-Bremsflüssigkeit betrieben (die gleiche, wie bei der Hydropneumatik). Diese Bremsflüssigkeit ist, wie das Motoröl, auf Mineralölbasis hergestellt. Die Verwendung anderer Bremsflüssigkeiten hätte eine völlige Zerstörung des gesamten Bremssystems zur Folge gehabt! Neues Luftsammlerblech mit Kühlstutzen für die Bremsscheiben. Getriebegehäusehälften und Ausgänge wie bei der Dyane. Der Plattformrahmen ist, wie bei der Dyane, mit Aufnahme des Umlenkhebels der Handbremse versehen.

Die härtesten Kämpfe, die je eine Ente bestehen musste, wurden von drei hierfür getunten 2CV-Versionen mit 65 PS Boxermotor des GSA bestanden. Für die atemberaubenden und spektakulären Stunts des James-Bond-Films „For Your Eyes Only", in deutscher Fassung „In tödlicher Mission", werden drei Entenexemplare mit dem 65 PS Boxermotor des GSA aufgerüstet. Diese 65 PS in der Entenkarosse, auf einem Ami Super-Chassis montiert, sorgen für genügend Effet beim Freiflug. Die drollige Kombination des tapfersten Ritters des britischen Establishements mit dem unmilitärischsten Auto der Welt schaffte 1981 weltweite Heiterkeit in die Kinosäle.

Modelljahr 1982, gefertigt: 83.086 Stück

2CV6 Spécial AZ Serié KA, 29-PS 602 cm³, A06/635

2CV6 Spécial E AZ Serié KA, 29-PS 602 cm³, A06/635

2CV6 Club 29-PS 602 cm³, A06/635 ab 10/8177KA5001

2CV6 Charleston AZ Serié KA, 29-PS 602 cm³, A06/635

Dyane 6 AY-CB 30-PS ab 10/1981: 78 CB 0001

Acadiane AY-CD 30-PS ab 10/1981: 10 CD 0001

Méhari 4x2 AY-CA 29-PS ab 10/1981: 12 CA 0001

Méhari 4x2 AY-CEA 29-PS ab 10/1981: 00 CE 4001

LNA RB-RJ 29-PS V06/630 ab 10/1981: 08 RD 4001

Visa II Spécial & Club 34-PS ab 10/1981: 05 VJ 0001

Wichtigste Neuerungen & technische Änderungen:

Der Chokezug ist mit einer Kontrollleuchte integriert. Neues Insektengitter hinter der Lüfterklappe. Verbesserte Geräuschdämmung bei 2CV und Dyane. Die Gurtpeitschen sind nun leichter zu bedienen. Eine zweite Auflage des 2CV Charleston wird mit verchromten Scheinwerfergehäusen aufgelegt. Die 2CV Rad- und Zahnradfertigung wird von Levallois nach Reims verlegt.

3/1982: Tellerfeder- anstelle Dreifinger-Druckplatte.

1982: 2CV-Ente mit Enten bei der Fütterung

Modelljahr 1983, gefertigt: 58.207 Stück

2CV6 Club AZ Serié KA, 29-PS 602 cm³, ³, A06/635

2CV6 Charleston AZ Serié KA, 29-PS 602 cm³, A06/635

Wichtigste Neuerungen & technische Änderungen:

Das mit 2.000 Stück limitierte Sondermodel 2CV Transat, Farbe weiß mit blauen Streifen wird anlässlich des Gewinns des Amerika-Cup des Segelschiffes France 3 aufgelegt. Die französische Variante wird nach dem Siegerboot benannt, in England hingegen heißt sie Beachbomber.

7/1983: Alle Citroën Modelle werden mit Verbundglas-Windschutzscheiben ausgerüstet. Vordersitze gibt es mit neuer Form der Rückenlehne. Die Seitenflächen der Vordersitze sind aus Kunstleder anstatt Polsterbezug. Reduzierung des Geräuschpegels durch Einbau von Luftführungen aus thermogeformtem „Auto-Kell"-Werkstoff. Diese Verbesserung fließt nach und nach in die Fertigung ein und hat folgende Änderungen zur Folge: Anpassung des Luftsammlers an die neuen Luftführungen an den Zylindern, Verkürzung des unteren Teils der Heizungsgehäuse, um die Aufnahme der neuen Luftführungen zu ermöglichen, Änderung der Form der Ölleitung, Anpassung der Zündkabel an die neuen Luftführungen, Änderung der rechten Scheinwerferstange wegen der neuen Luftführungen.

1983: 2CV Adventure Foto Guyot →

← 1982: 2CV Charleston rot-schwarz quer

Modelljahr 1984, gefertigt: 53.780 Stück

2CV6 Spécial AZ Serié KA, 29-PS 602 cm³, A06/635
2CV6 Club AZ Serié KA, 29-PS 602 cm³, ³, A06/635
2CV6 Charleston AZ Serié KA, 29-PS 602 cm³, A06/635
2CV6 AZKA 1.Fzg.Ident.Nr. ab 10/1983: KA000 001
Acadiane AYCD 1.Fzg.Ident.Nr. ab 10/1983: 15CD3001
LNA 650 RB-RF 34PS 652 cm³, ab 10/1983: 02 RF 2001
Visa, Club VD-VF 34PS 652 cm³, ab 10/1983:07VF5001
Méhari 4x2 AYCA 1.Fzg.Ident.Nr. ab 10/1983:13CA3001
Méhari 4x4 AYCE 1.Fzg.Id.Nr. ab 10/1983: 00CE6001

Wichtigste Neuerungen & technische Änderungen:

10/1984: Die Lackreverenz ist rechts im Motorraum auf der Spritzwand auflackiert. Sie setzt sich aus fünf Buchstaben zusammen, Beispiel: Wein-Rot= EKAdS. Diese fünf Buchstaben ermöglichen die Identifizierung der Farbe auf der Farbtafel, der Qualität und des bei der Fertigung verwendeten Verfahrens. Änderungen bei den Karosseriefarben sind ab sofort nicht mehr an das Karosseriejahr gebunden! Sonderserie 2CV Dolly, 3.000 Exemplare mit den Farben: Rouge Vallelunga, Gris Cormoran.

Die Scheibenwischerarme sind um 6 mm gekürzt. Sonderausstattung: Der 2CV erhält gegen 150 DM Aufpreis eine vergrößerte Heckklappe. Sie ist bei allen Modellen lieferbar. Mit Hilfe eines Aufstellbügels wird die große Heckklappe in geöffneter Stellung gehalten. Zu Beginn der achtziger Jahre ließ die Zigarettenmarke Gauloises sich eine mehrjährige Attraktion einfallen: Die Hamburger Citroën Niederlassung schuf in enger Zusammenarbeit mit dem benachbarten TÜV zahlreiche Gauloises-Enten, welche verlost wurden. Diese einmaligen, liebevoll inspirierten und handwerklich perfekt gestalteten Fahrzeuge erregten bei ihren Werbetourneen großes Interesse. Allein 1982 wurden 35 deutsche Städte besucht.

1984: 2CV Charleston mit Rautenmuster-Bezügen →

7604 LV 92

1985: 2CV Dolly mal drei →

DOLLY

Modelljahr 1985, gefertigt: 51.520 Stück

2CV6 Club, AZ Serié KA, 29-PS 602 cm^3, A06/635

2CV6 Charleston, AZ Serié KA, 29-PS 602 cm^3, A06/635

2CV AZ KA, 1.Fzg.Ident.Nr, ab 10/1984: KA 038501

LNA RB-RF34-PS 1.Fzg.Id.Nr, ab 10/1984: 03RF3001

Visa, Club VD-VF 34 PS 1.F.Nr, ab 10/84: 12 VF 0001

Méhari 4x2, AYCA 1.Fzg.Ident.Nr, ab 10/84: 14 CA1001

Wichtigste Neuerungen & technische Änderungen:

7/1985: Alle 2CV-Fahrzeuge für Deutschland und Österreich sind mit einem neuen Motor ausgerüstet. Dieser Motortyp „A 06/664" ist anstelle des A 06/635 für den Betrieb mit unverbleitem Normalbenzin ausgelegt. Das verringerte Verdichtungsverhältnis, auch später VV-Motor genannt, wurde durch flachere Kolbenwölbung ermöglicht. Verdichtungsverhältnis 7,9:1 anstatt 8,5:1. Auch weiterhin sind diese Fahrzeuge mit einem speziellen Zündkerzenschacht ausgerüstet. Mit unverbleitem Kraftstoff dürfen also 2CV mit verstärkten Ventilsitzringen ab Modelljahr 1987 gefahren werden. Bei Motoren A06/635 (Méhari/ Acadiane) muss die Zündung um einen halben Schwungradzahn zurückgestellt werden. Wieder runde Scheinwerfer mit weiterhin breitem Lampenbaum.

1985: 2CV Pickup

1987: 2CV i fly bleifrei als Charleston Variant, 43.255 Stück per Anno gebaut

Modelljahr 1986, gefertigt: 47.990 Stück

2CV6 Club AZ, Serié KA, 28-PS 602 cm^3, A06/644
2CV6 Charleston, AZ Serié KA, 28-PS 602 cm^3, A06/644
2CV AZ KA, 1.Fzg.Ident.Nr, ab 10/85: KA 110001
Méhari 4x2, AY-CA 1.Fzg.IdNr, ab 10/85:15CA0001

10/1986: In Frankreich erscheint die mit 1.000 Stück limitierte Sonderserie Cocorico auf Basis des 2CV Spécial anlässlich der Fußball-WM. Nicht realisierte Sondermodelle in 1986: **2CV Aventure** 4x4 als Globetrotter, **2CV Amarna** als Prototyp 4x4. Nur Entwürfe der Modelle Projekt Bug & Rosalie, Projekt Space Cab und Projekt Sulky a lá R4 Parisienne gab es um das Jahr 1986.

Die wichtigsten Neuerungen & technische Änderungen:

Sitzbezüge „Tep Jeans" Sodalit-Blau ersetzt das frühere TEP schwarz und Stoff Chinoise-Grau den gestreiften Leinenstoff. Türverkleidung Grau steht für das frühere Beige, außer für: **2CV Charleston:** Ausstattung in Jersey-Grau, Türverkleidung schwarz, unverändert. Einbau der Schalter am Armaturenbrett sowie des vorderen Kabelstrangs des **2CV Club** nun auch am **2CV Spécial.** Rechteckiger Schalter anstatt runder.

Citroën Köln berichtet: Ab sofort können **2CV** Fahrzeuge Typ AZ-L, Motortyp A06/635 (21 KW) und Visa, Visa Club, Fahrzeuge Typ VD, Motortyp VO&/664 (25 KW) für die Verwendung von bleifreiem Normalbenzin und auf „bedingt schadstoffarm" Gruppe C (steuerfrei) durch eine Citroën Werkstatt umgerüstet werden.

← 1986: 2CV Karosserie-Fertigstellung in Levallois

Modelljahr 1987, gefertigt: 43.255 Stück

2CV6 Sauss-Ente 28-PS Motor A06/664

2CV6 Club AZ Serié KA, 27-PS 602 cm³, Motor A06/664

2CV6 Charleston AZ-KA, 27-PS 602 cm³, Motor A06/664

2CV AZ-KA, 1.Fzg.Ident.Nr, ab 10/86: KA 192501

Visa, Club 34,5-PS 1.Fzg.Ident.Nr, ab 10/86: 24 VF 5001

Visa Entreprise VD-VF34,5-PS ab 10/86: 24 VF 5001

Méhari 4x2 AY-CA, 1.Fzg.Ident.Nr ab 10/85:15 CA 3001

3CV Acadiane AY-CD 1.Fzg.Id.Nr ab 10/86: 21 CD 2001

Wichtigste Neuerungen & technische Änderungen:

Der 2CV erhält einen Rückfahrscheinwerfer und bleibt sonst unverändert. In der Schweiz und Österreich gibt es neue Umweltgesetze: nach dem 1. Oktober wurden nur noch Fahrzeuge zugelassen, die den Drei-Wege-Katalysator mit Lambasonde besitzen. Das ist das Ende für den 2CV in diesen Ländern.

1987: 2CV I fly bleifrei quer

Modelljahr 1988, gefertigt: ca. 20.000 Stück

2CV6 Club AZ Serié KA, 29-PS 602 cm³, A06/635

2CV6 Charleston AZ Serié KA, 29-PS 602 cm³,

Motor AK2, 1.Fzg.Ident.Nr. ab 10/1987: KA269001

3CV Acadiane AY Série CD 1. Fg.Id.Nr.: 22 CD 2001

Die wichtigsten Neuerungen und Änderungen zum vierzigjährigen Jubiläum:

Einbau einer Nebelschlussleuchte, mit Änderung des Kabelbündels und 5. Sicherung in zweitem Sicherungskasten. Hinterer Stoßfänger beim 2CV Spécial wie beim 2CV Club (Stoßfänger und Halterungen breiter, das heißt 110 mm, anstatt 70 mm). Sitzbezüge 2CV Spécial: Jeans Tep-Blau, 2CV Charleston: Jersey Uni-Grau.

Die mehrfach verschobene Entscheidung, das Werk Levallois mit seinen 635 Beschäftigten am 29. Februar in Paris zu schließen, hatte verschiedene Gründe: starker Nachfragerückgang in Frankreich; Nachfragerückgang in Europa, besonders hervorgerufen, weil der 2CV nicht mehr den Normen entsprach. 1988 wird der 2CV auf folgenden Märkten angeboten: Deutschland, Portugal und Belgien. Das Werk Levallois ist völlig veraltet. Die Schaffung moderner industrieller Produktionsbedingungen ist in einem finanziell vertretbaren Rahmen nicht mehr möglich. Das Werk ist zu groß und liegt zudem in einem sehr dicht bebauten Stadtgebiet, wo die Zufahrtswege sehr beengt sind. Somit fällt endgültig die Entscheidung, den 2CV ohne die Version Club weiter in Mangualde (Portugal) zu bauen, wo er bereits seit 1982 gefertigt wird. Man kann dort immerhin 85 Fahrzeuge pro Tag herstellen. Für die Mitarbeiter in Levallois läuft im September 1987 ein Sozialplan an: 260 Mitarbeiter nehmen ein Vorruhestandsabkommen an, weitere eine Schulungsvereinbarung, 200 Gastarbeiter kehren in ihre Heimat zurück, doch für 200 findet sich keine neue Tätigkeit. In dem 1963 gegründeten Werk Mangualde arbeiteten auf 10.000 qm 1988: 658 Portugiesen, davon 312 in der Produktion. Tagesproduktion 85 2CV im Jahr 1988.

← 1989: 2CV des Autors mit maßgschneidertem Capot

Modelljahr 1989, gefertigt: ca. 13.000 Stück

2CV6 Club AZ Serié KA, 28-PS 602 cm^3
2CV6 Charleston AZ Serié KA, 28-PS 602 cm^3
2CV AZ-KA, 1.Fzg.Ident.Nr, ab 10/88: KA 322701
Visa VD-VF 34,5-PS 1.F.Ident.Nr, ab 10/88:30VF8001

Wichtigste Neuerungen & technische Änderungen:

Auf dem Genfer Salon war von der französischen Karosseriebaufirma Teilhol, in F-63120 Courpiere, der „Tangara" zusehen, ein offenes Vielzweckfahrzeug auf 2CV Basis mit Hardtop; auch mit Voisin Allradantrieb erhältlich. Teilhol war ein Karosseriebauer, welcher täglich dreißig Umbauten durchführte: er rüstete z. B. die AX und BX Modelle in die steuergünstigere „Entreprise" - Version um; auch C 15 Pick up mit kurzer oder langer Ladefläche.

1990: 2CV Mangualde bei letzter Grundierung 27. Juli, *siehe Abbildung Seite 128*
1990: 2CV Mangualde bei der letzten Lackierung 27. Juli, *siehe Abbildung Seite 129*

1989: 2CV des Autors mit einem Hochzeitspaar
1989: 2CV des Autors als Leih-Hochzeitskutsche am Standesamt →

CITROËN

ULTIMO

1990: Letzter 2CV Dernière am 27. Juli. Die Werkskapelle spielt der Ente das letzte Lied.

1990: 2CV Mangualde bei der letzten Triebwerkskomplettierung 27. Juli, siehe Abbildung Seite 130
1990: Der letzte 2CV Mangualde bei der Hochzeit (= das Aufsetzen der Karosse auf das Chassis) am 27. Juli, siehe Abbildung Seite 131
1990: Letzter 2CV Mangualde bei Komplettierung 27. Juli, siehe Abbildung Seite 132

Die 1990er Jahre

Modelljahr 1990

2CV6 Club AZ Serié KA, 29-PS 602 cm^3, erstes Modell
2CV AZ KA, 1. Fzg.Ident.Nr.: KA 352 001

Wichtigste Neuerungen & technische Änderungen:

Der Schallpegel wurde wegen der EG-Bestimmungen von 80 dB auf 78 dB reduziert: Ventildeckel mit Schalldämmung, Spritzlappen im Radlauf, Motorschallschutz, Keilriemen der Lima, Lüfterriemenscheibe mit elastischer Nabe aus Gummi, verlängerte Schallschluckverkleidung.
Nur für Deutschland gab es eine Leuchtweitenregelung.

← 1990: 2CV als Charleston umlackiert und mit Spot-Sonnensegel

← 1994: 2CV an alter Börse in Amsterdam

Am 27. Juli 1990 Freitagnachmittag um 15 Uhr wird die Produktion des **2CV Charleston** und **2CV Spécial** endgültig eingestellt, er lief in Mangualde mit Trauermarsch der Blaskapelle vom Band.
Letzte Portugal Nummern:

VF7AZKA00KA376002,
für Großbritannien: KA 366694 GB,
für Deutschland: KA 375563 OE,
für Belgien: KA 359666 BE,
für Frankreich: KA 376002,
für Portugal: 8 KA 4813 PF

Zur Erinnerung, wie begann alles? Das älteste Citroën-Werk Levallois, das ursprünglich 1893 für Cycles Clément erbaut wurde, wurde 1921 von André Citroën für die Fertigung der berühmten 5CV-Tréfle und der Raupenfahrzeuge (Gelbe und Schwarze Kreuzfahrt) gemietet. Es war das einzige Werk, wo der Karosseriebau, die mechanische Fertigung und die Montage möglich waren. Daher wurden ab 1948 sämtliche französischen 2CV dort hergestellt (Levallois: 3.471.554, Argentinien: 142.200, Belgien: 817.761, GB:1.185, Iran: 112.170, Ivry: 560.524, Portugal: 76.821, Rennes: 422.434, Vélam 53.995, Vigo: 1.100.174 und Grand Export 146.332). In Lizenz montierten folgende Länder 2CV und 3CV: „Quinda S.A." in Asuncion/Paraguay bis 1972, ab 1971 in Montevideo/Uruguay und „Aviles Alfaro" in Ecuador bis 1972. Ab 1959 wurde in Jugoslawien, Smartje bei Koper, der 2CV mit anderem Kofferdeckel und trapezförmigem Rückfenster gefertigt. Baby Brousse wurde 1966 in Téheran/Iran zusammengeschraubt. In Tanarive auf Madagaskar ab 1962, in Benin/Dahomey ab 1966 mit Exporten nach Togo. Dyane auch in Djakarta/Indonesien, weitere Montagestätten: Abidjan/Cote-d'Ivoire (2CV, Baby-Brousse), Bangui/Zentralafrika (2CV, Baby-Brousse), Chile (Citroneta), Kamerun, Madagaskar (2CV, AK, Dyane, Ami6), Philippinen, Vietnam (Dalat).

Weltweit wurden mehr als fünf Millionen Exemplare hergestellt; wenn man noch den Ableger Dyane dazuzählt, kommt man auf sieben Millionen. In Deutschland gingen 348.078 2CV in den Besitz der Entenfahrer über. Nach ersten Blaupausen von 1932 ging eine beispiellose Automobilära von 42 Baujahren zu Ende. Dieses Gefährt, welches das Synonym für Jugend und Abenteuerlust darstellt, ist nicht nur seinen Liebhabern wie auf den Leib geschnitten: Denn nicht um Prestige geht es dem Entenfan, sondern um Individualität und Abgrenzung zur Normalität, nicht um den Glanz der äußeren Erscheinung, sondern um Robustheit und absolute Zuverlässigkeit. Kein anderes französisches Auto ist so berühmt wie die zur Legende gewordene „Ente".

2004: 2CV-Weltenfahrer Manni-Müller und Immo Mikloweit →

СЧАСТЛИВОГО ПУТИ
ПО СИБИРИ
MICHELIN
PIT Chemie
IRL

2005: Die C-Air-Studie Mini erregte bei Enten-Fans großes Aufsehen

2005: C-Air Play-Studie in Bologna ist weniger Cabrio als der 2CV

CITROËN
MICHELIN

Der Autor, Immo Mikloweit, ist Presseattaché bei Citroën Deutschland in Köln.

← 2007: Beim C-Cactus Concept-Car, gesehen auf der IAA, stand auch der 2CV Pate